蔬菜文化杂谈

黄绍宁◎著

中国农业科学技术出版社

图书在版编目（CIP）数据

蔬菜文化杂谈 / 黄绍宁著. —北京：中国农业科学技术出版社，2017.1

ISBN 978-7-5116-2947-0

Ⅰ. ①蔬… Ⅱ. ①黄… Ⅲ. ①蔬菜园艺 Ⅳ. ①S63

中国版本图书馆CIP数据核字（2016）第321632号

责任编辑 张国锋
责任校对 马广洋

出 版 者 中国农业科学技术出版社
北京市海淀区中关村南大街12号 邮编：100081
电　　话 （010）82106636（编辑室）（010）82109702（发行部）
（010）82109709（读者服务部）
传　　真 （010）82106631
网　　址 http://www.castp.cn
经 销 者 各地新华书店
印 刷 者 北京富泰印刷有限责任公司
开　　本 710mm×1 000mm 1/16
印　　张 16.25
字　　数 300 千字
版　　次 2017 年 1 月第 1 版 2017 年 1 月第 1 次印刷
定　　价 39.80 元

前言 PREFACE

学英文的时候，读美国散文家怀特（E. B. White）的散文集，他在序言中写道："The essayist is a self-liberated man，sustained by the childish belief that everything he thinks about，that happens to him，is of general interest"，大意是"散文家向来不拘泥于俗套，孩子气地坚信他所思考的一切，他身上发生的一切，都饶有趣味"。我不是散文家，但在从事与蔬菜有关的专业工作的同时，对一些有关蔬菜的见闻，也觉得饶有趣味，于是尝试写下来。这些杂谈短文，通过有关蔬菜的所见、所闻和所思，基于个人的经验和知识观，对有关蔬菜的知识进行注释、评说、联想和发挥，是否饶有读者general的趣味，就有待评说了。

关于本书的内容，说明如下。

1. 第一章杂谈了十个蔬菜的基本概念，从第二章开始，大致按照华南地区的应季性，分春、夏、秋、冬在四章中介绍并杂谈了112种蔬菜；

2. 每种蔬菜都对其基本概念、品种类型、农药残留风险和烹调食用进行评述，后有相关的而又海阔天空的文化杂谈；

3. 书中的一些概念，大多数引自《中国农业百科全书——蔬菜卷》（1990年，农业出版社），由于不是严谨的学术写作，其他引用文献不一一列出，除非文中对该文献提出了不同的看法。

黄绍宁

2015年秋

目 录 contents

第二章　春 \29

第三章 夏 \79

第四章 秋 \133

第五章 冬 \193

第一章

概念与杂谈

1. 蔬菜

蔬菜是可供佐餐的草本植物的总称。1800多年前中国第一本“字典”《说文解字》谓蔬菜“草之可食者”，但是蔬菜也包括一些木本植物的嫩茎嫩芽（如竹笋和香椿等）以及一些真菌（如蘑菇）和藻类（如海带）等。

蔬菜的食用器官有根、茎、叶，有未成熟的花、果实和种子，其中一些器官在人类的长期干预下形成了变态，如肉质根（如萝卜）、肉质茎（如莴笋）、块根（如葛）、根茎（如胡萝卜）、块茎（如土豆）、球茎（如慈姑）、鳞茎（如洋葱）、叶球（如大白菜）和花球（如花椰菜）等，这些器官虽然五花八门，但都属于可食者，长期以来的选择进化使这些器官占植株的比例越来越大。

世界上蔬菜种类（包括野生和半野生）有两百多种，普遍栽培的有六七十种，同一种有许多变种，同一变种又有许多栽培品种，因此蔬菜可根据特性、用途、形态和其他生物学特性分为许多类群。

在双语语境下的蔬菜

蔬菜英文称Vegetable或Eatable green（plant）。尤金. N. 安德森（美国加州大学人类学教授，曾经长期在中国香港生活）提出了值得思考的话题：英文语境中的人认为，中文没有与vegetable相对应的字或词，英语也从来没有一个词专指可吃的植物，也许西文中也没有哪种语言可以做到，原因是可吃与不可吃的植物界限实际上非常模糊。其实所谓可食，对食用者来说，就是指适口、无害或害处小并且身体需要。蔬菜含有丰富的维生素、矿物质、有机酸、芳香物质、纤维素、一定的碳水化合物、蛋白质和脂肪，具有其他食物不可代替的营养价值，这些对中西语境下的人来说，是共同认可的。

尤金. N. 安德森还提出，用“菜”来对应Vegetable似乎比蔬菜更为准确。这使我想起广东话的“餸”字，表示餐桌上除了主食（传统中国人认为填饱肚子的东西，如米饭、粥、馒头、玉米糊等）以外的任何菜肴，包括蔬菜、鱼、肉等等。更

有意思的是，汕头话与“餸”对应的是“咸”或者“配”，以副食突出的咸味称呼“餸”，“餸”“咸”和“配”都是为了进食者把主食配送进肚子，这就回到了中文蔬菜的定义：“可供佐餐的草本植物总称”。

《圣经》说“凡地上的走兽和空中的飞鸟都必惊恐，惧怕你们；连地上一切的昆虫并海里的一切鱼，都交付你们的手。凡活着的动物，都可以作你们的食物。这一切我都赐给你们，如同菜蔬一样”（《旧约–创世记》9：2）。我们来看看英文：“The fear and dread of you shall rest on every animal of the earth，and on every bird of the air，on everything that creeps on the ground，and on all the fish of the sea; into your hand they are delivered. Every moving thing that lives shall be food for you; and just as I gave you the green plant，I give you everything”（Old Testament，Genesis 9:2）。细心比较之下，我们似乎可以看出中文语境的人对蔬食的倚重远盛于西方人，难怪我们常说：“三日不见青，两眼冒金星”，足见蔬菜在我们日常饮食中的重要地位。

西方人认为蔬菜只是食物的一小部分（他们通常吃的蔬菜不多），而我们还有很多人吃蔬菜是当作“咸”来佐餐主食的。随着社会经济水平的提高，现在国内大城市里，人们的蔬菜概念正无声无息与西方接轨；而另一方面，西方人也意识到多吃蔬菜对身体的好处，近年来西方蔬菜的消费量也有越来越大的趋势。

2. 野生蔬菜

野生蔬菜英文称Wild vegetable（以下称野生蔬菜为野菜，日本语用野菜两个汉字对应中文的是蔬菜，应该避免混淆），是指生长、采摘于自然环境，未经人工栽培的蔬菜。中国的野菜记载有400多种（虽然在现代生物分类学意义上许多以前认为的几个不同种其实是属于一个种，但是中国的野菜最少有一百多种），远多于栽培蔬菜的不到100种。中国对野菜的食用历史悠久，先有神农尝百草的传说，2500年前的《诗经》提及30多种野菜，后有历代农书如《食疗本草》《本草纲目》《救荒本草》和《野菜博录》等对野菜的特征、分布和食用都有记述。野菜含有丰富的营养，有些营养成分含量甚至比人工栽培的蔬菜还要高，比如薇菜的维生素C含量达242毫克/100克鲜重，是黄瓜含量的40倍。野菜多生长于山野荒坡，受现代污染少，因此广受消费者追捧。但是有些野菜含有对人体健康不利的生物毒素，如蕨菜含有

的"原蕨苷"就被广泛怀疑是一种致癌物质，必须引起注意。近年来野菜的人工驯化、栽培得到了较大的发展。

回归自然?

近年来，随着生活水平的提高，人们在吃饱基础上追求吃好吃巧，另一方面中国传统的饮食文化讲究食疗同道，再加上回归自然的环保文化氛围，野菜和栽培野菜大行其道。但是由于对野菜的片面认识，看重野菜的生长环境质量、特定营养、食疗价值和特别风味，而忽视了野菜的副作用，导致一些人因误吃、常吃、多吃某种野菜而身体不适。

在人类文明发展初期，所有蔬菜都是采摘的野菜。在中国历史上除了每年早春季节的尝春风俗外，野菜在大多数情况下扮演的是救荒的角色，是果腹充饥、度过荒年的仅次于粮食的第二食物来源。《野菜博录》《救荒草本》和《救荒野谱》等古书，都是为了备荒而作，比如清朝的顾景星在顺治九年回家乡，适逢大荒灾，一家人靠野菜充饥度荒，于是写下了《野菜赞》。既然是为了度荒，口感和营养的追求就成了次要。

没有经过人类驯化栽培的野菜，人们对其可能含有的某些生物碱之类物质的不良副作用认识不足，加上食用者经验欠缺，我国每年都有人因误吃野菜（如苍耳）而中毒，日本30年前就报道了蕨菜普遍含有致癌物质原蕨苷等。因此对于野菜，在没有足够的食用经验和科学实验数据之前，不宜多吃常吃。可以机械地想想，如果某种野菜如何如何，少说3000年了，人们为什么没有将其驯化栽培呢?

菜是草之可食者，强调的是可食，英文称Eatable green，强调的也是可食的。

回归自然，不是要回头尝百草吧?

风雅的野菜

采集野菜在远古时期是女性的日常生活，因此，野菜也是古代情歌的不老题

材。《诗经》中大量篇幅，以采集野菜为素材，唱出了男女相识、相思、相恋、相欢、相弃，对我国后世诗歌的创作，产生了深远的影响。

在采野菜的过程中相识俊男美女，如“彼汾一曲，言采其荬。彼其之子，美如玉。美如玉，殊异乎公族”（荬为野荬菜）和“参差荇菜，左右流之，窈窕淑女，寤寐求之”（荇菜为半蔬半饲料的水菜）。

在采集野菜时思恋人，如“采采卷耳，不盈顷筐。嗟我怀人，置彼周行”（卷耳据说古代也做野菜）和“彼采萧兮，一日不见，如三秋兮”（萧为蒿蒿一类野菜）。

在采集野菜时与恋人相会，如“陟彼南山，言采其蕨；未见君子，我心惙惙。亦既见止，亦既觏止，我心则说”（蕨为蕨菜）和“采葑采菲，无以下体，德音莫违，及尔同死”（葑和菲是小白菜和萝卜一类十字花科野菜）。

采食野菜和结婚相提并论，如“谁谓荼苦，其甘如荠。宴尔新婚，如兄如弟”（荼是苦荬菜一类野菜，荠是荠菜）。

采集野菜时感叹丈夫的无用和喜新厌旧，如“中谷有蓷，暵其干矣。有女仳离，嘅其叹矣。嘅其叹矣，遇人之艰难矣”（蓷是益母草）和“我行其野，言采其葍。不思旧姻，求尔新特”（葍为古代称恶菜之野菜）。

风雅一词，原本就是《诗经》国风和大、小两雅的合称。《诗经》中风雅的野菜诉说了野菜的风雅，千古传诵。而这也是我国后世风雅之士对野菜偏爱的文化原因。

3．保护地蔬菜

保护地蔬菜是指在不适宜露地栽培蔬菜的季节或地区，利用特定的保护设施创造良好的小气候条件生产的蔬菜，在高纬度地区冬季的蔬菜保温加温温室生产显得特别重要，在低纬度地区，利用保护设施降温或防止暴风雨对蔬菜生产的侵害也有一定作用。因此，保护设施，通常如小拱棚、大棚或温室等，对蔬菜的周年均衡供应具有重要意义。

2000年前，罗马人用木箱装上肥沃土壤栽培黄瓜，白天放在阳光下，晚上移入室内避寒。600年前法国人发明了玻璃房，用于种植花卉，是蔬菜温室的始祖。

1967年荷兰人创建采光温室（Dutch lighthouse）后，现代化的蔬菜温室栽培才在世界各地蓬勃发展。中国早在《汉书》曾记载“太宫园种冬生葱韭菜茹，覆以屋庑，昼夜然蕴火，待温气乃升”，元代《农书》中记载有利用风障畦和暖房栽培韭菜，明代《学圃杂疏》记载了利用暖房栽培黄瓜。我国从20世纪70年代开始，中小塑料棚架在蔬菜生产上得到了广泛的应用，80年代之后，大棚、温室乃至无土栽培等设施先是在大城市郊区广泛应用，后来在主要蔬菜生产地区也广泛发展。

但是，设施内（通常是“永久性”的温室）的土壤，往往生产时间越长，土壤变劣越甚，如盐分积累、作物病害病原菌积累和化学物理性状变劣等等，成为保护地生产蔬菜的世界性大难题，我国的很多大城市郊区和一些蔬菜主要栽培地区（如山东寿光等地），现在就广泛地遇到这个问题。

反什么?

“反季节蔬菜”这个概念词，大约开始出现在20世纪70年代末期，那时国内开始较大规模利用塑料大棚生产并不当季的蔬菜，由于人们习惯于“人定胜天”的思维，于是媒体和蔬菜工作者有了“反季节蔬菜”的叫法，并且颇为流行。

但是这个叫法很难翻译成英文和国外交流，我见过最常见的翻译是Anti-season vegetable。要知道，Season这个词英语中可做动词用，意思恰恰是（用辛香蔬菜）给食品调味，如Seasoning the noodle（给面条调味）。其实反季节蔬菜应该可以勉强翻译为Off-season vegetable，大意是淡季蔬菜。两种翻译法反映对四季交替自然规律的两种态度，前者是反抗、违反，后者是顺从、顺应四季的变化。

在广东省，夏天的西芹、西蓝花、芥蓝和荷兰豆等，冬天的蕹菜、落葵、苋菜和丝瓜等，都属于“反季节蔬菜”，这些蔬菜在当时当地的气候条件下均难以生产，就算勉强生产，品质和风味也不敢恭维。蔬菜生长本身有各自合适的气候需求，虽然长期的人工栽培驯化，一些蔬菜的冬性和夏性变得不甚明显，但是骨子里头的东西还是改变不了，孙悟空七十二变，尾巴也藏不了，比如蕹菜在秋冬季就露出同科植物番薯茎叶味道的尾巴，夏季的芥蓝就没有冬季的风味而且带苦味。另一方面，不合时宜的“反季节”栽培，往往还需要使用更多如农药等合成化合物。

现在像北上广深这样的大城市居民有福了，一年四季市场菜架上蔬菜品种丰富，琳琅满目，翠绿的韭菜、欲滴的黄瓜、肥白的莲藕、饱满的白菜，应有尽有。在夏天，我们可以吃上宁夏产的芥兰、菜心，在冬季，我们可以吃上海南产的苦瓜和豆角。这是得益于社会经济条件的改善，区域性的蔬菜集中生产通过长途运输满足供应，看上去好像蔬菜也加入了经济全球化的潮流，但是很多人关于蔬菜的季节概念开始模糊了。

《圣经》说“谦卑的人有福了”（《新约–马太福音》5：3）。虽然现在蔬菜供应充足，当季和淡季分别不大，但是我们还是要对我们的生境以及生境的四季交替充满虔诚、谦卑和敬畏。人类还处于狩猎和采食的时期，祖先们采食的都是最当季的。孔子说“不时不食”，又说“饮食其时”；朱熹说：“四时之食，各有其物”；郑板桥更是画了四幅画：春韭满园随意剪（春），原上摘瓜童子笑（夏），紫蟹熟，红菱剥（秋），砍松枝带雪，烹葵煮藿（冬）。先贤们的总结是基于长期的生活经验。传统的饭馆菜单中常常可见“时蔬”二字，表示不同季节供应的蔬菜品种不同。对时蔬的追求除了是对生境的态度，重要的还是人体健康对客观环境需求的体现。此外，前不久日本有科学家对蔬菜的不同季节营养成分的测定发现，时蔬的营养价值高于“反季节蔬菜”，比如寒天时的十字花科蔬菜的糖类物质远高于热天的（因为植株细胞液浓度的提高有利于抗霜冻，这就是经霜后的菜薹更好吃的原因），热天的番茄的胡萝卜素含量也远高于寒天的，等等。

也许你会说夏天宁夏生产的菜心在宁夏不是最当季吗？没错，原本在华南冬季才是当季的菜心，在夏天的高纬度或高海拔地区确实也是当季，夏季供应南方市场得益于社会条件如运输和消费能力的满足。但这里涉及另外一个概念：Food mile（食物里程），这是新近在欧美发达国家开始流行的低碳生活态度，欧美一些高端市场食品的包装上开始标示单位食品从生产到运输上架的耗碳量。

20多年前的中国台湾和40年前的日本一样，民众对本地产农产品开始引以为荣，尤其是对当地当季农产品趋之若鹜。反观当下大陆民众对国产农产品的信任危机，却颇发人深省。

生产保护地蔬菜的保护设施是为了克服在不适宜栽培的季节或地区的小气候条件，按照反季节蔬菜说法的逻辑，季节是时间的一轴，地区是空间的另一轴，如此那就有反地区蔬菜了，笑话！反什么？！

4. 无公害、绿色和有机蔬菜

所谓无公害蔬菜，是指在符合一定标准的生产环境（土壤、灌溉水和大气环境）下，通过实施无公害蔬菜生产技术规程生产出来的蔬菜，蔬菜中不含有规定不准含有的有毒有害物质（高毒农药和危险性人体病原微生物），有些不可避免的有毒有害物质（中低毒农药、硝酸盐和亚硝酸盐、重金属等）的含量在一定许可标准以下。绿色蔬菜是在无公害蔬菜的基础上，对合成化合物农资（主要指农药）的使用限制更加严格，产地和产品的认定和认证也更加严格的蔬菜。而有机蔬菜是在合格并经过两年以上转换期（目的是减少和消除残留于土壤中的有毒物质如农药等）的生产环境下生产，生产过程不使用人工合成化合物的农资（包括合成农药、化肥和生长激素等），蔬菜产品通过检验合格，并通过第三方有资质机构的认定和认证。

30多年前，由于蔬菜中农药残留带来的食用安全问题突出，中国各级政府着力发展无公害蔬菜，后来提出并推动发展绿色蔬菜作为向国际上推崇的有机食品看齐的过渡举措。因此有人将普通蔬菜、无公害蔬菜、绿色蔬菜和有机蔬菜从底到顶用金字塔表示蔬菜的食用安全质量低高。但是从本质意义上讲，无公害蔬菜应该是蔬菜作为商品的基本要求。不论如何，正是上述三个概念在蔬菜生产中实际性的引入，有效促进了我国蔬菜生产的质量安全水平的提高。

混　乱

首先对于无公害蔬菜，从逻辑上看，蔬菜本身并不会产生公害（生产过剩堆烂街头不在此列），公害（就是蔬菜上的有毒有害物质，如农药残留、亚硝酸盐和重金属等）大多是人类的农事活动强加给蔬菜的，即蔬菜是污染行为的受体而不是主体，这和无公害汽车（不会产生公害的电动力车）不同，汽车是污染行为的主体而不是受体。“无公害”一词，英语通译为Non-pollution，但是如果无公害蔬菜翻译为Non-pollution vegetable则是无论如何也讲不通，一定要翻译无公害蔬菜，似乎叫Pollution-free vegetable更合逻辑。进一步讲，现在的污染和公害并不是有和无的质

的问题，而是多和少的量的问题，连南极洲的企鹅身体上都还有六六六和DDT的残留，哪里的蔬菜能无公害？

其次，作为向有机食品看齐的一个中间概念，绿色蔬菜更是富有中国特色的叫法了。不错，绿色代表环保、健康和自然，但是用于形容蔬菜，普通大众的第一理解还是颜色，这样红番茄、白菜花、紫茄子、黄辣椒、黑豆都可以是绿色的？英文称蔬菜为Eatable green，绿色蔬菜岂不成了Green eatable green？此外也容易与绿叶菜混淆，这个在中英文语境下都是如此。

最后，至于质疑市场上除了有机蔬菜外都是无机蔬菜，那是无理取闹的说法。提出有机食品概念时，英文称Organic food，我们翻译为有机食品并没有错，但是理解其中Organic有机这个词我们要更加全面些，这个词除了有机（有机体的）以外还有“系统的、全面的”的词义，包括了对食品质量的全面和系统描述的含义，而这个一直是中国人对有机食品概念理解不“有机”的原因。

上文讲到有人将普通蔬菜、无公害蔬菜、绿色蔬菜和有机蔬菜从低到高用金字塔表示蔬菜的食用安全质量低高，这个是“初级阶段”的说法，为了避免混乱，我们在写文章和说话时就要不厌其烦，分别称呼无公害食品蔬菜、绿色食品蔬菜和有机食品蔬菜。

理想的情况是：蔬菜商品就简单分为一般蔬菜和有机食品蔬菜，达不到无公害食品标准的蔬菜不能成为商品上市，而有机食品蔬菜也要名副其实，那样的话我们就不混乱了。

5．蔬菜中的有毒有害物质

蔬菜中的有毒有害物质，大都是人类农事活动带来的，主要有四类：一是农药残留污染，农药残留是指农药使用后（包括前茬作物使用的在土壤中残存的）在农产品和环境中残存的农药原体、原体代谢物和杂质的总称，非专业人员一般会忽视来自土壤存留的，或者农药代谢物和杂质。二是硝酸盐和亚硝酸盐污染，自然界中尤其植物体硝酸盐和亚硝酸盐广泛存在，对人体危害的是后者，破坏血液携氧功能，也可致癌，但两者在生物体内可相互转化，据估计，人体摄入的硝酸盐有80%来自蔬菜。三是有害的金属和非金属物污染，包括铬、镉、铅、汞、砷和氟等，也会对人体造成不同的危害。四是人体病原微生物污染，包括沙门氏杆菌和肠病毒等。此外，一些蔬菜本身形成的毒素也对人体健康造成了威胁，比如菜豆的皂素、苦味葫芦的碱性糖甙、发芽马铃薯的龙葵碱等天然毒素也应该引起重视，几乎每年都有这方面中毒的报道。

说说标准

作为蔬菜质量安全的重要标准，蔬菜产品中农药残留的最高允许浓度MRL（maximum residue limit），以每千克蔬菜中农药残留的毫克数表示，MRL的制定是根据毒理学、人们的膳食结构和田间残留试验三方面确定的，毒物对健康不引起可以观察到的剂量称为日允许摄入量ADI（acceptable daily intake），再除以安全系数（通常是100倍，一些特殊物质可能是1000～5000倍，正是这个系数的波动导致不同国家和机构要求的MRL值不同），按中国人人均60千克体重，每日食用0.5千克蔬菜，计算出初步结果，再结合田间试验结果进行评定，田间试验要求两年两地进行，根据试验还对每茬蔬菜上某种农药的使用浓度、次数和离收获前最后一次使用农药的时间（称为安全间隔期）进行规定，而安全间隔期的不严格遵守往往是蔬菜产品农药残留超标的重要原因。因此，一种农药在蔬菜上的最高允许浓度是经过大量严密的科学工作后得出的，不能随意改动。比如有一种杀虫剂叫毒死蜱的，以前蔬菜上MRL值国家标准是1毫克/千克，而日本是0.1毫克/千克，也许是为了蔬菜产品出口日本的需要，相关部门匆忙将标准修订为0.1毫克/千克与日本接轨，由于欠缺修订、宣贯安全间隔期等农药使用准则，菜农一时不适应，曾导致全国性蔬菜产品中毒死蜱的广泛超标。

30年前有学者按硝酸盐的日允许摄入量计算，理论上提出了硝酸盐在蔬菜上的最高允许浓度为432毫克/千克，提出这个标准后有研究者对340个蔬菜样品进行了测定，发现白菜类蔬菜近90%超标（高的超标数十倍），根菜类也近40%超标，因此该标准受到广泛质疑。实际上，硝酸盐作为蔬菜从土壤中吸收氮源的唯一形式，又在蔬菜中存在是正常的，正常情况下也对人体无害，只是高浓度的硝酸盐在人体内会转化成有毒并能致癌的亚硝酸盐。因此前几年修订的国家无公害食品蔬菜标准将

瓜果类、根菜类和叶菜类的硝酸盐最高允许浓度分别定为600、1200和3000毫克/千克，同时所有蔬菜的亚硝酸盐最高限量定为4毫克/千克，显然这个标准比起一刀切的432毫克/千克更加客观科学。蔬菜中的硝酸盐含量与蔬菜的种类、品种、部位有关，又和施肥技术及土壤环境条件有关，从控制蔬菜硝酸盐含量长远来说，培育低硝酸盐含量的蔬菜新品种更加有前途，笔者曾经报道过，采用施微量元素等措施可以降低菜心的硝酸盐含量，但是同时又使得其亚硝酸盐含量提高了，而后者才是危害人体的元凶。

由于蔬菜生产环境广泛遭受工业和其他社会生活“废气、废水和废渣”不同程度的污染，蔬菜中的金属和非金属在蔬菜上的含量也受到关注。国家无公害食品蔬菜标准对铬、镉、铅、汞、砷和氟在蔬菜上的最高限量值分别做了规定。但是哪怕在土壤重金属含量较高的土壤上生产蔬菜，蔬菜产品的金属和非金属含量也少见超标的，比较容易超标的情况是西洋菜等水生蔬菜的重金属。

沙门氏杆菌等细菌，肠病毒等病毒，还有蛔虫卵等在蔬菜上的污染也比较常见，尤其对生吃的蔬菜来说，更应该引起国人重视。相关部门曾经抽查过国内的蔬菜，按照国际标准，很少有蔬菜微生物指标达标的，在国内越来越多人生吃蔬菜的情况下，微生物对蔬菜的污染必然越来越受重视。

洁　净

偶读清朝李渔《闲情偶寄》中《文贵洁净》：“洁净者，简省之别名也。洁则忌多，减始能净，二说不无相悖乎？曰：不然。多而不觉其多者，多即是洁；少而尚病其多者，少亦近芜……”想蔬菜中的营养物质，即“多而不觉其多者”，而蔬菜上的有毒有害物质，则是“少而尚病其多者”。难怪早些年大陆人讲无公害蔬菜时，台湾有人称无公害蔬菜为洁净蔬菜，却也合适。

《闲情偶寄》中还有一文《菜》，谓：“蔬食之最净者，曰笋，曰蕈，曰豆芽；其最秽者，则莫如家种之菜。灌肥之际，必连根带叶而浇之；随浇随摘，随摘随食，其间清浊，多有不可问者。洗菜之人，不过浸入水中，左右数漉，其事毕矣。孰知污秽之湿者可去，干者难去，日积月累之粪，岂顷刻数漉之所能尽哉？故洗菜务得其法，并须务得其人。以懒人、性急之人洗菜，犹之乎弗洗也。洗菜之法，入水宜久，久则干者浸透而易去；洗叶用刷，刷则高低曲折处皆可到，始能涤尽无遗。若是，则菜之本质净矣。本质净而后可加作料，可尽人工，不然，是先以污秽作调和，虽有百和之香，能敌一星之臭乎？”

限于当时的科技水平，李渔《菜》文中污秽之物只是指农家肥等而非现代意义上的有毒有害物质，但其洗菜之法，对清洁蔬菜上的残留农药等，在今日仍在发挥作用。

6. 转基因蔬菜

从生物有机体的遗传物质基因组中分离出（或者人工合成的）带有目的基因的DNA片段，利用如细菌介导、基因枪等现代生物学手段，导入某种生物有机体的基因组内形成重组，使这种生物体具备并表达对应性状的目的基因，这项技术就是我们常说的转基因，用这项技术改造的新品种蔬菜，就是转基因蔬菜。通常转基因蔬菜的目的是为了提高蔬菜新品种的抗逆性（含抗虫、抗病和抗除草剂）、耐贮藏性和增加某些特殊功能。20多年前美国就推出耐贮藏番茄，后又有抗甲虫马铃薯、抗病毒黄瓜、甜椒和西葫芦等，在我国科学家已经尝试研发耐贮藏番茄、抗病毒黄瓜、甜椒和番木瓜等，其中番木瓜已经获批进入市场，并且占有一定份额。目前世界上正在研发的转基因蔬菜更是多达几十种。

积极和稳妥

从1974年世界首例转基因（抗青霉素细菌）报道以来，转基因这项技术就一直充满争论，尤其是近年来对转基因食品的安全性的争论。具体到蔬菜，我们先从一些个案说起，也许会有一个更加清晰的看法。

番茄传统上分为鲜果番茄（Fresh tomato）和加工番茄（Processing tomato），前者做蔬果用，我们比较熟悉，后者用于加工番茄酱汁或干片，往往加工类番茄的皮厚，干物质含量也较高，鲜果番茄一般皮薄水分多，因此不耐贮藏。将厚皮基因转入鲜果番茄使其耐贮藏运输，这种育种方法除了手段不同外本质意义上与番茄的常

规育种（非转基因育种）没有两样，因此食用安全的疑虑也小些。

病毒病是农业生产上不好防治的作物病害，但是自然界存在对植物病毒高抗甚至免疫的一些植物基因，将这些抗病基因转入蔬菜，提高蔬菜的抗病性，比如抗花叶病，近年来这项技术在黄瓜、甜椒、西葫芦、番木瓜等上得到广泛应用，和转基因耐贮运番茄一样，安全的担忧也小些。

源自细菌的BT基因，可以让植物产生能使一些鳞翅目昆虫致死的蛋白质毒素，利用这个培育抗虫作物，比如抗虫棉花，也许是世界上目前最广泛应用的转基因作物之一。由于鳞翅目昆虫是蔬菜上尤其是十字花科蔬菜上的重要害虫，因此许多科学家致力于培育该抗虫蔬菜。但是考虑到该基因源自细菌，又能产生蛋白质毒素，因此在食用安全性上就受到广泛质疑，这也是迄今世界上没有该转基因蔬菜通过安全评估的原因，虽然新近有研究报道称该蛋白质毒素只是在昆虫体内表现毒性，在哺乳动物体内不表达毒性。

抗甲虫、抗除草剂、抑制植物发芽（比如世界上每年有超过25%的马铃薯因发芽而浪费）和一些别的特定目的（比如培育具有某些特定食用功能的蔬菜新品种）的蔬菜转基因研究近年来也广泛开展。

因此对于转基因蔬菜的食用安全性，应该具体问题具体分析。基因来源、特性、转入基因原本所在生物的人类食用历史、转入基因的比例等，都是安全评估的重要内容。我国目前也开始实施分级和标识制度。

对待转基因蔬菜，应该还是两个词：积极和稳妥。

理　性

我国有一个从事基因检测的知名机构，其基因测序能力全球领先。有一回，在与他们的高管团队一起吃饭的时候，听他们热议转基因，和近来我国媒体一样，显然分两派，强烈支持和高度怀疑。席间有另一单位的生态学家，对转基因的生态后果忧心忡忡，而机构的CEO是转基因的积极支持者，他以蔬菜茭白为例说明一千多年了，我国民众都安全食用，力证转基因食品的安全性。

众所周知，茭白（即菰）的生长过程中，主茎开始分蘖时，植株经常受到黑粉菌（Ustilgo esculenta）的侵染，此菌在花茎上寄生，分泌植物生长激素吲哚乙酸，刺激花茎变肥大，肉质化，就是知名的蔬菜茭白。新近有研究者提出，在黑粉菌对菰的长期的寄生中，黑粉菌内形成吲哚乙酸的基因导入了茭白（类似于现代科学手段用脓杆菌导入目的基因），被CEO称为是天然的转基因。

于是，我忍不住插嘴对生态学家说："用你无比锋利的矛，戳他（CEO）无比坚强的盾。不错，1600年了，我国民众食用茭白都安全，但是，1500年前我国广泛生产的菰米，1000年来却日渐式微，以至于现在国内只有零星栽培了，如果茭白是天然转基因的话，从菰米的角度看，难道不是天然的生态灾难吗？"

上述只是私人谈话。近年来支持和反对转基因的争吵在我国的媒体尤其是新媒体上十分激烈。从有反对者捏造广西转基因玉米导致男性不育和田间生态灾难的假新闻，到经常在电视上露面的顶级专家们对法国报道转基因玉米导致大鼠致癌和美国报道转基因玉米导致美国大斑蝶幼虫死亡实验方法的吹毛求疵，在我看来，都缺乏理性。

而理性是这一类讨论的基石。没有偏见、不预设立场、不受权力及金钱支配和操纵，这才是理想的公共言论平台，而话语者消除偏见，也才是理性对话的开始，因为偏见往往比无知更为可怕。话语者也必须理性说话，捏造、抬杠和吹毛求疵，都要不得。

7. 蔬菜的食用安全

蔬菜受农药残留、硝酸盐和亚硝酸盐、金属和非金属、危险微生物等的污染，以及在蔬菜的生产和贮运过程中受到的其他污染，误采误食野菜（如苍耳）和毒蘑菇，此外有些蔬菜本身带来的一些毒素（如菜豆中的红细胞凝集素），等等，这些都会对食用者带来安全问题。

关于三无问题

近年来在餐桌上，任你七碟八碗，时时还有人仍觉无下箸处，肉有瘦肉精、鱼有孔雀石绿、蛋有苏丹红，蔬菜有农药残留，"我们还能吃什么"常常成为大众无奈的自问。

“这是最好的时代，这是最坏的时代；这是智慧的时代，这是愚蠢的时代；这是信仰的时期，这是怀疑的时期；这是光明的季节，这是黑暗的季节；这是希望之春，这是失望之冬；人们面前有各种事物，人们面前一无所有……”狄更斯在《双城记》中的名句，是社会转型中最好的时代注脚，如果把句中的事物用食物代替，用这句话形容食品安全问题的现状，是最恰当不过了。

蔬菜的食品安全问题一直是社会热点，也是政府关注的焦点。下面要讨论的是蔬菜食用安全问题中的无诚信、无良和无知，探讨问题的社会成因。三无问题与“三无人员”无关，题目没有搞错。

首先是无诚信问题。几乎所有的食品安全问题最终都可以归因于诚信问题，蔬菜的生产者和经营者的诚信缺失往往就是蔬菜食用安全问题的起因。比如菜农在蔬菜生产过程中违反相关规程导致蔬菜食用安全问题，甚至一些个体菜农将菜地中留作自己食用的蔬菜和准备上市的分别管理，一些蔬菜经营者在贮运贩卖过程中故意使用某些物质保鲜、有意破坏蔬菜的可追溯证据，等等，都是典型的诚信问题。新教伦理与资本主义精神的高度吻合正是美国市场经济成功发展的社会基础，因为新教伦理的三大支柱敬业、勤劳和诚信，恰恰就是支撑市场经济游戏规则的基石。在诚信问题成为社会普遍问题的今天，蔬菜产业作为市场经济的一个行业，事关民众身体健康，更加要遵守市场经济的规则，更加要讲诚信。

其次是无良问题。比如菜农明知故犯违规使用违禁农药、不遵守农药安全间隔期、为了追求卖相临收获前还施用大量化肥、采收后用污水浸泡等，属于无良的违法行为。天作孽，犹可恕，自作孽，不可活。对于这种将私人贪婪凌驾于公众利益之上的无良行为，必须大幅度提高其犯罪成本，加大打击力度，营造使之不可活的社会氛围。

最后是无知问题。蔬菜的生产者和经营者由于历史原因，一般文化知识水平不高，经常有一些做法虽然没有想危害消费者的动机，但是往往造成严重的后果，一些消费者也因为知识的缺乏误食有毒的野菜、蘑菇造成蔬菜食用安全问题。因此消除无知现象要靠提高产销者的素质，要做大量的公益性科普和技术推广工作。

管理者

我国政府历来重视蔬菜的食用安全问题，但是由于社会现在正处于转型期，政府对市场经济的管理还是经验不足。一个让人诟病的例子是，好几个2000万总人口蔬菜自给率不足30%的大城市市政府发表白皮书，向市民保证市场上的蔬菜合格率达到98%以上。一方面，如果全国的平均水平在98%以上，这个保证毫无意义；另一方面，市场上70%以上的蔬菜不是由所在辖区生产，即使通过加强检测也难以达成。原因一来是工作量巨大，2000万人一天要消费1000万千克蔬菜，而且往往一货车蔬菜涉及数十的生产者，抽样的科学性常常受质疑；二来这些城市又不是独立关税区，蔬菜从产地流入市场和消费场所也不需要行政许可。于是，检测就只能围绕着白皮书开展了。

对市场经济的管理，就是制定尽量公平的游戏规则并公正地充当裁判。市场是无形的手，政府是有形的手，在食品安全的监管上，安全问题防不胜防，而且问题的出现往往是以无形的手占上风开始的，这正是监管工作永远不可言胜的原因。但政府要做的就是在生产源头上引导和监管，并将严重犯规的企业和产品红牌逐出市场之外。蔬菜从原产地到餐桌，必须对行业的相关情况充分调查，在此基础上，对于比较普遍和长时间存在的与食用安全可能有关的问题，进行科学细致的风险评估，根据评估结果提出检测计划和其他监管对策，并将风险评估结果向民众宣传，引导消费。政府应该这样监管，唯其如此，才能未雨绸缪，出了问题也不至于乱成一锅粥！

所谓专家

用福尔马林溶液处理大白菜切口防止腐烂、用焦硫酸钠溶液清洗姜、用工业品碳酸钠浸泡海带等等诸如此类的无良行为无不从一开始或多或少就带有科技的色彩，魔鬼穿上了科技的外衣更加神通广大。因此，任何一项用于食品生产的技术，必须建立在安全的基础上，科技工作者有责任看好技术，别让魔鬼偷去干丧尽天良的勾当。

优质蔬菜是生产而不是检测出来的，检测的目的应该是有助于从源头上把关和将不合格产品剔除出市场，检测只是手段并非目的，不能为检测而检测。随着社会的发展和科学水平的提高，食品的检测仪器设备和技术水平也在提高，但是检测工作往往走入死胡同，典型的例子是利用三聚氰胺可以欺骗仪器使牛奶的蛋白质“含量”提高，对蔬菜农药残留的快速检测也是只针对一类

农药对酶制剂的初步定性，不时有假阳性反应，容易让人钻空子。良知比仪器更靠得住，人脑永远比电脑聪明！既然知识已经来临，为什么还让智慧在门外徘徊？

对付突发事件，应急专家不能只是向政府提供决策咨询，在政府和民众之间的沟通上，还有很多工作可以做，包括公众教育等等，在蔬菜等食品安全监管上，也是如此。专家的话无所谓对错，只代表自己的观点，就算讲错了政府还有权威部门可以出来更正。不只是应急突发事件，就算是平时，在这个媒体时代，我们这个社会也太需要所谓“公共知识分子”了。

消费者的误区

广大民众作为蔬菜消费者应该逐步建立科学健康的消费理念。这里只谈谈民众在蔬菜消费上广为存在的一些认识误区：理性科学理解尝鲜的概念，如产于当地的反季节蔬菜的生产需要更多的农药等；自然的未必都比人工的好，如野菜并不总比栽培蔬菜好；正确对待食物外观的诱惑，一个虫孔也没有的叶菜农药残留风险未必就高；慎重用风险取代风险的做法，如用洗涤剂清洗蔬果，其实洗涤剂尤其是负离子洗涤剂对人体的危害是很大的，这样做是用已知的风险取代可能的农药残留风险；医食同源不能片面理解，尤其是很无厘头的以形补形，《齐民要术》还说孕妇不能吃姜，是怕生出的婴儿像姜一样多指，你信？懂食疗就讲究，不懂就不要穷讲究；中国人的饮食习惯要求对水土的尊重，比如四川人在广东大量吃辣椒也会上火等等，这里就不一一唠叨了。

8. 蔬菜与食疗

所谓食疗，就是利用食物的性能、食物与健康的关系，通过食物维护健康、防治疾病。在中国传统医学中，从夏朝发明酿酒以后，食疗就从朝廷到民间广泛流行，尤其在《黄帝内经》问世后（大约2200年前），对食物的性味和归经有了比较系统的说法，食疗得到了大力发展。蔬菜作为食物重要的一部分，常常在食疗中被应用，尤其是民间。

现代科学根据

蔬菜含有丰富的营养，除了纤维素（对促进消化道蠕动、排便有很好的作用）外，现代科学已经证明可以利用它来防病和治病的化学物质有维生素、矿物质、一些明确化学结构和疗效的物质、以及近年来证实它对癌症有预防作用的化学物质。

维生素A（胡萝卜素又称维生素A原）含量较高的蔬菜有胡萝卜、红辣椒、绿色小白菜、青豆角、青花菜、青豌豆、结球甘蓝、芥菜、老熟南瓜、荠菜、苋菜、菠菜、茼蒿、蕹菜、葱和韭菜等。维生素B_1含量较高的蔬菜有长豇豆、菜豆、香椿、菜用大豆、青豌豆、黄花菜、红甜椒和老熟南瓜。维生素B_2含量较高的蔬菜有韭菜、洋葱、羽衣甘蓝、西葫芦、苋菜、芥菜和芦笋。维生素PP（即烟酸）含量较高的蔬菜有蘑菇、芦笋、长豇豆、菜豆、豌豆、苋菜和甜玉米，维生素B_6在绿色叶菜里含量也较高。维生素C在新鲜蔬菜含量都比较高，尤其辣椒、甜椒、青蒜、菠菜、韭菜、芹菜、菜心、白菜、豌豆苗、结球甘蓝、青花菜、花椰菜、番茄等更高。

矿质元素中，钙含量较高的蔬菜有结球甘蓝、白菜、荠菜、苋菜、芹菜、蕹菜、菠菜和叶菾菜，含磷较高的蔬菜有菜用大豆、豌豆、菜豆、甜玉米、青花菜、芥菜和大蒜等，含铁较高的蔬菜有芹菜、菠菜、菜用大豆、豌豆苗、豆薯、白菜、黄花菜和萝卜苗等，含较高钾的蔬菜有长豇豆、慈姑、辣椒、蘑菇，含钠较多的蔬菜有茼蒿、茴香、芹菜，而大白菜和萝卜含锌比较多。

蔬菜中比较明确疗效的有效成分，如生姜中的姜烯、姜醇和姜酮（用于促进血液循环也可降低血压），大蒜中的大蒜素（杀菌用于防止肠胃炎），香菇中的香菇嘌呤（降血脂和胆固醇），芹菜中的芹菜甙元（由于治疗高血压）。

明确有抗癌作用的一类是含硫化合物（如硫代葡萄糖甙），含量丰富的蔬菜有芥蓝、结球甘蓝、青花菜等芸薹属蔬菜，第二类是葫芦苦素，瓜类蔬菜都含有，以葫芦类蔬菜为多，第三类是含硒类化合物，蔬菜中以蘑菇、大蒜和洋葱含量比较丰富。

蔬菜的性味和归经

传统中医理论认为食物有四性，寒、凉、温、热，实际上就是寒热两性。蔬菜中大部分蔬菜属于寒凉，苦瓜、萝卜、大白菜、紫菜等属于寒性，寒性损耗人体阳气，葱、韭菜、蒜和辣椒是温热性，热性损耗人体的阴液。传统中医理论也认为食物有五味，酸、辛、苦、甘、咸，这主要根据味觉器官对食物的感受，但是也有很大程度上是“推测”（包括与味对应的功能），酸味（敛汗止泻）有梅和马齿苋，辛味（发汗解表）有辣椒和葱，苦味（清热泻火）有苦瓜和枸杞叶，甘味（补虚和中）有南瓜、荠菜和冬瓜，咸味（软坚散结）有海带和紫菜。传统中医理论还认为食物的性能也表现在归经上，如生姜增进食欲归胃经，马蹄能化痰归肺经，茼蒿能明目归肝经，其他很多蔬菜都归脾胃和大肠经。

传统中医是“入门容易精通难”，因此，一般消费者在利用蔬菜进行食疗时，应该请教有经验者，一知半解地食疗，偶尔吃吃无妨，多吃常吃往往还适得其反。此外，有病了还是请教医生，保健防病的食疗也得考虑自身体质、时令和当地水土等。

以形补形？

讲究食疗者笃信以形补形。动物源食品如猪脑补脑，牛、鹿鞭壮阳，这些根据脑磷脂和哺乳动物的性激素等成分可予理解，但是一些植物源食品的以形补形，却多数是牵强辩词。

比如核桃补脑，作用可能是核桃中丰富的磷脂含量，也冠以“以形补形”之名，虽然核桃果仁确实状如大脑；板栗形如人肾被誉为有补肾作用，可能与其温性有关；藕节因凉血可治疗鼻子出血，则被归因于藕之中空状如鼻孔；葱通窍是因为其辛辣物质，也被归因于葱之中空；《齐民要术》谓孕妇禁食生姜，则是生姜状如多指之手掌，怕生出多指婴儿来。

新近看报纸，有谓豆角壮阳的，说是豆角种子肾形，肾气足自然阳壮，真是令人喷饭。这使我想起中西两部古代作品来。

一是《金瓶梅》，五十二回“潘金莲花园看蘑菇”（有版本也叫“潘金莲花园调爱婿”），蘑菇状如男阳，此也是《金瓶梅》之所暗指。由豆仁到豆荚，也太弯弯绕了，还不如吃蘑菇更直接。

二是突尼斯人康斯坦丁（Constantinus Africanus，1020—1087），这人在世界医学史上贡献巨大，将一大批古代阿拉伯医学文献翻译成拉丁文，他的《论交媾》（De Coitu）一书是中世纪前西方最出名的性手册，书中提出食用胡萝卜配合其他香料，是延缓男人性能力下降的壮阳食谱“彼类中的最佳者”，根据也是胡萝卜状如那玩意。

不管中医还是西医，不管食疗还是药医，医学中除了药物作用外，心理暗示元素也很重要，尤其是在壮阳上。形而上地以形补形，吃豆角也罢，蘑菇也罢，胡萝卜也罢，虽然可笑，但也无妨，起码心理上得到了暗示，尤其在这个男必讲壮阳，女必讲美容的时代，至于疗效如何，广州话叫“食过先知”了。但是如果真有病，还是那句话，问医生吧。

9．蔬菜与素食

蔬菜与素食，都不时髦。人类早在捕猎采食时期，采食野菜等的素食行为就出现了，但是从现代营养学角度看来，采食的野菜等素食，其营养价值远远不及捕猎的肉和鱼，似乎从一开始素食在生物学上的定位就是低下的。随着农业、畜牧业和渔业的发展，除了物质生活条件的限制外，素食开始成为一种个人的饮食选择，选择是基于个人、家庭对素食的道德、宗教和生理上。作为素食者几乎是唯一的副食，蔬菜与素食也就形影不离了。

双语境下的素食

“素食”这个词，在中文里或多或少包含有质朴、清高、虔诚、心里有老百姓等等褒义的情愫，原因是素食作为上古之风，长期被中国文化所褒扬，尤其在佛教开始要求素食以后，素食更是被推到接近天主教或基督教圣餐的地位，因此素食暗含的褒义是道德、宗教和传统文化所引致。

英语Vegetarian一词，除了素食者外，含义就是单调的、乏味的、缺乏活力的、低等的等贬义，这些贬义主要是因为西方人认为蔬菜与Herb（草）无异，是动物

和低等人的食物，因此素食的贬义潜台词似乎纯粹是生物学意义上的延伸，与道德、宗教等关系不大。

了解双语境下的素食含义，对客观地看待素食，会有莫大的帮助。

素　餐

“素”字本意是白色的丝绸，引申为质朴和原始之意。“素食”一词，源于素餐，《诗经·魏风·伐檀》：“不稼不穑，胡取禾三百廛兮？不狩不猎，胡瞻尔庭有县貆兮？彼君子兮，不素餐兮！”传统的说法，素餐者，白吃饭也，如《论衡》说“素者，空也，空虚无德，餐人之禄，故曰素餐”。因此传统上对《伐檀》的理解也就说成了对不劳而获的责问了：“不去耕种收割，哪有庄稼三百顷？不去狩猎围捕，院子里为何挂满了野獾？那些君子们啊，不能白吃饭啊！”

但在我看来，《诗经》产生的年代，素食是奴隶们粗劣的食物，《礼记》中说，天子吃牛肉，诸侯吃羊肉，大夫吃猪肉狗肉，庶民无故不得吃肉。《诗经》的“风”多数是民间歌谣，描写劳动者的日常生活和感受，奴隶们唱的“不素餐兮”更是一句双关语，像是在说“不能白吃饭啊”，更像是在说“吃的可是肉啊！”

古代的统治者，肉食之余，也有“斋戒”一说，如《礼记》还说“戒以事鬼神”，统治者的斋戒一来应该是对统治地位的祈祷，二来也有装装门面之嫌。儒家称为素王的孔子就在《论语·乡党》说“齐必变食”，就是想推动社会进步，使得庶民也有肉吃，也可吃肉。

素食者久

人类遗传物质有两种类型的DNA具有特别重要的意义，一种是只能通过男性遗传的Y染色体DNA，另一种是只能通过女性遗传的线粒体DNA，两种在人类繁衍后代时均不发生重组，因此利用这个重建人类进化史成为可能。美国科学家收集了全球五大洲人类的DNA样品，采用计算机方法建立宗谱，一项有趣的并且证据颇为充分的发现是，可以追溯的所有女性的共同祖先看来要比男性的远久几万年。

人类远在捕猎和采食阶段，性别是分工的依据，男人打猎，女人采食。捕猎者狩猎范围大，活动范围大，传播遗传基因的范围也大，他们肉食为主；采食者采食范围小，活动范围也小，在较小范围内女性的遗传基因容易形成群体，相对稳定地遗传下去，她们素食的比例显然要比男性的大。如此看来，食物结构在其中是起了作用的，似乎素食者更久远些？

《老子》第六章谓“谷神不死，是谓玄牝，玄牝之门，是谓天地根”。看来，2500年前老子的话得到了现代计算机和基因组学的印证？

道德素食者

我国古代的素食，主要是蔬食，尤其是菜羹。自周朝伯夷不食周粟，采薇蕨而食开始，《齐民要术》记载有11种菜羹的做法，崇尚蔬食的风气，在宋朝的士大夫中达到了高潮，苏东坡的《菜羹赋》更是使东坡羹与东坡肉齐名，黄庭坚有多首诗词咏菜，还说，“可使士大夫知此味，不使吾民有此色”，朱熹写有《蔬食十三诗韵》，还引用汪信民的话说“咬得菜根则百事可做”，正如韩驹所说“殷勤故煮菜，知我林下风”。

但是，我国有关蔬食的文化和道德意义长期以来被上升到了一个过于高的高度。

新近读一位中国现代颇为知名文人的散文，说他小时侯读书时，不知从哪里读到了“咬得菜根，百事可做”八个字，颇为受感动，于是将这八个字写在书的表面，并暗下决心咬菜根，在学校里吃饭时只吃素菜，尤其如萝卜番薯之类的根菜，虽然难以吞咽，但是为了长大后能成为可做百事的英雄，还是坚持着，一边吃菜根一边鼓励自己：等以后成为可做百事的英雄时，“第一时间让唐妈炒一碟鱼香肉丝！”估计唐妈是他们家做饭的。

由此作者想起《金瓶梅》中应伯爵讲的一个笑话，说有一人吃了一辈子长斋，死后向阎罗王讨一个下世好人身，阎罗不信，剖开其肚子，只见满肚子唾液，原来是一辈子看别人吃荤时咽下的。

宗教素食者

在我国，提起素食，人们不免要与宗教联系起来。

佛教在汉代传入我国，那时中国的素食早就有了。早期佛教的鼻祖释迦牟尼和弟子们托钵接受信徒们的供奉，寺院不设厨房，施主给什么就吃什么，根本没有"素食"一说。晋朝以后，佛教日盛，寺院这才开伙，那时没听见没看见杀生的肉就是净肉，和尚就能吃。一直到梁武帝萧衍晚年笃信佛教，利用皇权下诏《断酒肉文》，素食这才在寺院中流传开来，并形成戒律。

古代英国人以为吃牛奶有损小牛，禁食，鸡蛋也是一条可能的生命，鸡蛋要三个月前所生方可当食品出售，甚至吃落在地上发黄的果子，也要把其种子种回地上，否则将犯堕胎之罪。天主教、基督教徒不吃动物血、无鳞的鱼等，回教徒不吃猪肉，不同的宗教饮食忌讳不同。西方的宗教斋戒，不分素荤，一律禁食，早餐（Breakfast）就是打破（Break）斋戒（fast），回教的斋月也是在日落前禁食。

和同源或相近的宗教派别间的争执要远远大于不同派别之间一样，素食者间的争执也要远远大于与非素食者间的争执。中国虔诚的佛教徒甚至连葱蒜韭菜等香味蔬菜都归类于荤菜，也许这几种蔬菜大都是在烹调荤菜所用，近荤者荤？要不就是香味容易与女性发生关系，诱发性欲？甚至说"食菜不食心，以其有生命也"。

李渔在《闲情偶寄》里说："吾谓饮食之道，脍不如肉，肉不如蔬，亦以其渐近自然也。草衣木食，上古之风，人能疏远肥腻，食蔬蕨而甘之，腹中菜园不使羊来踏跛，是犹作羲皇之民，鼓唐虞之腹，与崇尚古玩同一致也。所怪于世者，弃美名不居，而故异端其说，谓佛法如是，是则谬矣。"信然。

纪晓岚在《阅微草堂笔记》里说："夫佛氏之持斋，岂以茹蔬啖果即为功德乎？正以茹蔬啖果即不杀生耳。今徒曰某日某日观音斋期，某日某日准提斋期，是曰持斋，佛大欢喜；非是日也，烹宰溢乎庖，肥甘罗乎俎，屠割惨酷，佛不问也。天下有是事理乎？"同感。

至于食菜不食心，更是讲究植物权的无厘头，菜心摘了还可分蘖，麦子和稻谷可是小麦和水稻生命的全部啊，你吃什么馒头米饭？

生理素食者

因为生理上的原因而崇尚素食，大概有两方面的原因，一是消化系统对动物性食物的顽固性或先天性不适，二是业已食用过多动物性食物后身体对蔬食的需求。前者甚少，后者在我国近年来由于人们生活水平的提高而成了热门话题。

眼下多少像一夜之间中了巨奖的暴发户，鸡鸭牛羊，河货海鲜，一顿又一顿，应酬不完的饭局，恨不得鹅生四掌，鳖着两裙，原来已经适应植物性食品为主的身体，变得毛病多多，脂肪肝、超重、高血脂、高血压、高胆固醇，于是又回头崇尚蔬食。一时间，益母草清血、枸杞菜清肝等等这些老掉牙的常识就像重大的科学新发现，人们奔走相告，争相购食，主妇们不仅刻意蔬食，保持身材，一边还愁着小孩不愿意吃蔬菜。

林语堂在《一个素食者的自由》中说，满肚子鱼肉的人对鸡汤白菜的向往，就像娼妓对家庭生活的向往。套用他的话，脂肪肝、超重、高血脂、高血压和高胆固醇者对蔬食的向往，就像私吞了大量公款的贪官突然想告老归田去欣赏大自然的美。

起源于游牧的人群如欧洲人、蒙古人等比起源于农耕文化的国人更加依赖肉食，他们甚少食用蔬菜（尤其是我们的叶菜）。随着我国生活水平的进一步提高，国民的肉食比例也将大大提高，后代对高比例的肉食也将大大适应。因此，以生理原因而素食的，不必刻意，也不必过度，首先是要减少大鱼大肉，有度进食。

10. 蔬菜的文学意义

世界上没有哪个国家像中国一样，栽培的蔬菜和采食的野菜种类繁多，几乎占了世界上记录种类的80%，由于蔬菜在人们日常生活中的重要地位，蔬菜在中文语境中被赋予了丰富的中国特色文学意义，主要表现在蔬食的文化文学意义、各种蔬菜独自代表的不同文学含义两方面。

内容与形式

在中国，由蔬食带来的崇尚自然、质朴、清高、不媚俗、安贫乐道、爱国、虔诚、心里有老百姓等等文学上褒性的意义，就像在中国传统文化这个生产酱油的发酵缸中一滴一滴滴出来的产品。《诗经》、屈原、孔子、伯夷、刘伯温、白居易、苏东坡、黄庭坚、朱熹、陆游、李渔等等一大串，都为这个酱缸添砖加瓦，其中，孔

子和朱熹是这批民工的工头。孔子说“饭蔬食，饮水，曲肱而枕之，乐亦在其中矣”，因此孔子被誉为儒家素王，朱熹引用汪信民的话“吃得菜根，百事可做”后，这句话更是流传广泛。

《圣经·旧约·箴言》（15：17）说：“吃素菜，彼此相爱，强如吃肥牛，彼此相恨”，依《圣经》看来吃素菜是形式，内容是彼此相爱。

反观中文中形式也是吃素菜，内容就五花八门，有些不着边际，显得空洞了些。似乎，滴出来的酱油，是老抽，色深而鲜味不足。

布衣蔬食

“布衣蔬食”是一句形容生活非常简朴的成语，布衣，麻布之衣，蔬食，粗食，源之《先贤行状》“布衣蔬食，不改其乐”。《现代成句句典》收录了“布衣暖，草根香，葫芦瓜果半年粮”，与此同义，谓过艰苦生活而满足。李渔《闲情偶寄》说“实则不止当菜，兼作饭矣。增一簋菜，可省数合粮者，诸物是也。一事两用，何俭如之？贫家购此，同于籴粟”，等同“葫芦瓜果半年粮”也。

想起40年前，着的确凉衣裳者，风光一时，似乎是身份的象征，买猪肉时，想要点肥肉还得走后门。近年来，随着生活水平的提高，人们衣着上棉风劲吹，布衣复古，饮食上处处怕高脂，人人讲减肥。

商务印书馆1980年出版《汉英词典》（635页）时，据说翻译“布衣蔬食”的初稿直译为wear cotton clothes and eat vegetable food，后来王佐良教授等提出直译的意思在欧美等地也许不同于生活艰苦简朴，几经斟酌，改为coarse clothes and simple fare（字面意思是简单衣食），这样才表达出“布衣蔬食”的意思，其中fare（食物）一词，尤指可充饥之物，颇有“贫家购此，同于籴粟”的韵味，特别传神。

时空变化影响对布衣蔬食的理解，超越时空的是永恒的“布衣蔬食，不改其乐”的人生观。

对　联

蔬菜研究所温室利用无土栽培技术，栽种来自世界各地的奇蔬异菜，园区内四季长青，是市民休闲和青少年科普活动的好去处。我给园区作了几副对联，有“棚中无甲子，架下有乾坤”“无土而耕棚诚有岁，不锄能圃架岂无芳”“奇蔬异菜不易见为贵，赤豆红瓜难得食则珍”“布衣蔬食随缘时西方无佛，竹架木棚得趣处下界有仙”等等，并让工人刻在木板上竖于园区内，心里曾经得意了一阵。

一日，读袁枚的《随园诗话》，讲有某相公构蔬香阁，种菜数畦，题一联云“今日正宜知此味，当年曾自咬其根”，又讲有人亦有菜圃对联云“此味易知，但须绿野秋来种；对他有愧，只恐苍生面色多”。

读后，只觉得脸上微微发烫，希望到园区参观的客人，不要笑话我拾人牙慧，那就阿弥陀佛了。

文学符号

自伯夷食蕨薇开始，到明朝刘伯温的《蔬菜略》，在中文语境中很多蔬菜名称被赋予了各种各样的象征意义或者说文学符号。自伯夷食后蕨和薇便代表清高、隐居、不随俗流等，因《诗经》一句“绵绵瓜瓞，民之初生”，瓜类蔬菜尤其是葫芦便代表生育繁衍，自《爱莲说》后莲藕便代表出自污泥而不染，因魏征喜爱吃芹菜，芹菜就代表忠诚，刘伯温说韭者久也、葱者聪也、姜者强也和荠者济也等等，到现代的生菜和发菜代表发财，不胜枚举。

这样联系多少有些牵强，就像国人风俗新婚吃大枣、花生、桂圆、莲子是寄意早生贵子一样，很多都是谐音图个吉利。但是，刘伯温说这样“可以旨吾腹，而曼吾龄，又可以究吾知，而通物理，安得不然永怀，怡然自喜哉”。

忆苦思甜

类似中文中蔬菜所暗含的文学意义，在西方一般只是应用在节日或庆典食物的选择上。

美国的感恩节，是为了感谢当地印第安人对美国早期白人移民的帮助，使白人度过1621年冬天的严寒，免于饿死。因此，感恩节餐宴上除了传统的火鸡之外，蔬菜的选择是需要煮熟的南瓜和土豆，而不是通常如黄瓜和西红柿等生吃的蔬菜，南瓜和土豆的选择是因为温暖有质地，意味着准备过冬。

犹太人的逾越节家宴纪念的是犹太人的祖先从埃及的囚禁中离去，并由此脱离奴役获得自由。家宴上羔羊和鸡蛋是必备的，蔬菜的选择是一种苦药草和盐水泡欧芹，苦药草象征着犹太人逃离埃及之前的奴役和悲哀，苦药草的苦味和刺激性味道大大加强了这种感受，盐水就是囚禁在埃及的犹太人流下的眼泪，而欧芹与羔羊和鸡蛋一样，象征着春天的复苏和生命的重新开始。

想起文化大革命时的政治活动忆苦思甜，集中“吃糠咽菜”，控诉旧社会的罪行、苦难，目的是感恩新社会的幸福、甜蜜。但活动只是忆苦，没有火鸡和羔羊之类的甜可思。

故乡菜情

我国地域辽阔，各地水土、气候和风俗不一，蔬菜品种丰富多样，蔬食也五花八门，如广东的菜心和芥蓝、云南的野生食用菌、上海的鸡毛菜、湖北的红菜薹、华北的大白菜和东北的油豆角，都颇为知名。因此，故乡的蔬菜常常是文人墨客笔下的题材。

自称把浙东、南京和北京当故乡的周作人，骨子里还是浙江绍兴人，《故乡的野菜》一文便是作者客居北平时通过对绍兴的荠菜、马兰头和草头等野菜的回忆而表达乡情。福建人林语堂和北京人老舍，都有散文记北平，林语堂的《说北平》在我看来就像是客居者在写游记，你看文中“那里的果蔬新鲜，桃就是桃，柿就是柿”，就像是说“街上的人，男就是男，女就是女”似的，来自热带亚热带地区的人，到了温寒带，通常就有这种感觉。再看看老舍的《想北平》，光是想一字，已经韵味无穷，生于斯长于斯的老舍，北平的一切，尽在心中，只要一想，就历历在目，看看他对北平蔬菜的描写，就像是在数家珍：“至于青菜，白菜，扁豆，毛豆角，王瓜，菠菜等等，大多数是直接由城外担来而送到家门口的。雨后，韭菜叶子上往往带着雨时溅起的泥点。青菜摊子上的红红绿绿几乎有诗似的美丽”。

话画蔬菜

食物经常是视觉艺术的表现对象，蔬菜也常常是美术题材。中西蔬食有差异，以此为题材的美术作品，其人文基础更是泾渭分明。

在西洋画中，食物作为静物画的常见题材，充分表达了以男性为中心的占有欲望。这种占有欲望通常以猎物或劳动成果的拥有、对食欲的刺激和性欲的挑逗来实现。所画的蔬菜通常是象征着女性乳房的浑圆的瓜果，或者象征着男性阴茎的茄子或胡萝卜，这些蔬菜经常被安排在动物性食物（通常是猎物的尸体）、全裸或半裸的女性肢体旁边。有人联想到一个英文字dress，令人啼笑皆非，这个词既可表示女性的衣着，也可表示宰杀动物时去皮毛。西洋画中夹在裸体（Undressed）的女性肢体和宰杀去皮毛后（Dressed）的猎物或家禽食物之间的这些蔬菜，似乎在食欲与性欲之间画了正相关符号，这在16世纪后荷兰、法国和英国的静物画中屡见不鲜，对此，叔本华在《作为意志与表象的世界》中批评其“是以主观的、可耻的、充满肉欲的精神来创作”。甚至，在宗教色彩浓厚的美术作品中，上述浑圆的蔬菜也经常与圣母玛利亚浑圆的正给耶稣喂奶的乳房同时出现。

反观中国画中，蔬菜题材表达的常常是纯粹的精神上、思想上的审美，而且往往禅味十足，通常还通过画中配诗来表达主题。如画几棵白菜和一碗油灯就题“青灯有味”、画几个竹笋大白菜就题“山僧和雪煮，老圃带霜锄”，画萝卜瓜果就题“朱门肉食无风味，只作百姓菜把供”，甚至画几个葫芦索性就题“依样画葫芦”等等，不胜枚举，似乎由蔬菜挑逗的只是食欲，并由此生产了一些哲学上纯粹的精神享受，与性欲毫不相干。这个人文基础，与传统中国文学中描写思春的男女总是“茶饭不思”的“悲剧美”十分吻合。

第二章 

春

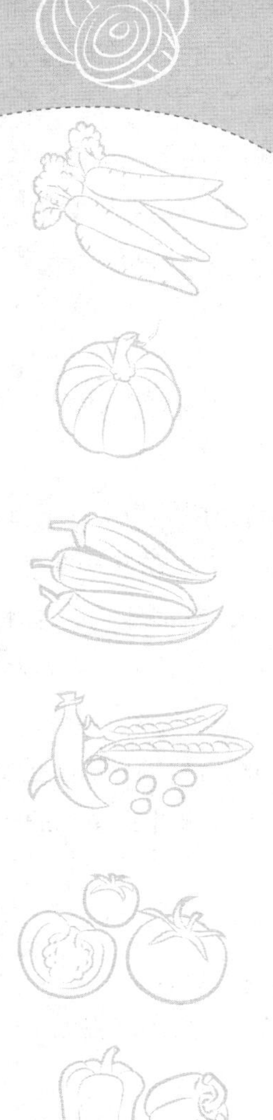

1. 芥蓝

选择芥蓝作为本书的开篇蔬菜，首先因为时令，其次从芥蓝的发展我们也许可以对蔬菜这个概念有进一步的认识，最后是因为在潮州菜中芥蓝列众多蔬菜之首，潮谚:“好菜芥蓝，好鱼鹦哥”。

芥蓝是十字花科芸薹属甘蓝种中的一至二年生草本植物，主要以肥嫩的花薹和叶片为产品供食用，是中国特产蔬菜，原产于华南地区。芥蓝英文称Chinese kale或Kailan，Kale西文是羽衣甘蓝，Kailan是广州话芥蓝的音译，这是因为芥蓝是几百年前华南地区人们从地中海地区引进羽衣甘蓝经多年演化培育而成，潮州人称芥蓝为“咖蓝”就是西文的发音直译，广州特产蔬菜皱叶迟芥蓝叶片皱褶较多，便是羽衣甘蓝的性状留存，后来广东人出国谋生，把芥蓝传播到世界各地，于是西文称芥蓝Chinese Kale，现在一些国外餐厅，也有按广东话Kailan称呼芥蓝的。目前芥蓝不仅是华南地区的主栽蔬菜，国内广泛栽培，欧美日等地也有栽培，芥蓝也就成为中国贡献给世界的佳蔬。

品种类型

芥蓝中有白花和黄花两种类型，以白花品种较多分布较广，华南地区都以十月至来年四月温差比较大时为当季栽培时间。白花品种开白花，分早中晚熟三类，一般讲越晚熟的品种花薹越肥大，花薹在产品中比例越大，蔬菜品质也越好。黄花品种主要分布在潮汕地区，也有早中晚熟之分，黄花芥蓝开黄花，叶柄和薹基呈紫红色（潮州人称红脚），花薹在产品中比例较小，分蘖性比白花芥蓝强，因此采收侧薹时期较长，黄花芥蓝叶片和叶柄比较柔嫩，因此，产品品质也较高，加上直观上含有丰富的花青素，因此近年来红脚芥蓝已有冲出潮州走向全国的势头。

农残风险

芥蓝病虫害比较多，病害有黑腐病、霜霉病和黑斑病等，虫害有菜青虫、菜蛾、夜蛾和跳甲等等，生产过程农药使用较多，尤其是在温差小的夏季。因此生产者除

了合理选用农药外，对农药安全间隔期的严格控制是农药残留合格与否的关键，尤其是采收分蘖侧薹的芥蓝，要更加强调农药安全间隔期。一般讲，华南地区夏季生产的芥蓝（所谓反季节蔬菜）病虫害更加严重，农药残留超标风险中等，冬季生产的芥蓝农残风险较低。当然夏季在高纬度或高海拔地区生产的外地芥蓝就另当别论。

芥蓝肥嫩的花薹和嫩叶质地脆嫩清甜，具有甘蓝类植物特有的清香，粤菜姜汁炒芥蓝、蒜蓉炒芥蓝、牛肉炒芥蓝、鲜鱿炒芥蓝等等，广为流传。潮州菜炒芥蓝时多数用鱼露取代食盐，更加提味。介绍两种芥蓝烹调法：一味是新潮粤菜冰镇芥蓝，取肥大的白花芥蓝花薹，去除叶片只留花薹嫩部约15厘米长，开水灼熟后捞出入冰水，置冰盘上菜如刺身，配芥辣酱油，清香清脆清甜，开胃，别具风格。二是潮州传统名菜“翅脯炒芥蓝”，翅脯广州人称大地鱼干，是一种干海鱼，将大地鱼干油炸后切成指头大小备用（潮州人家常备此作料于厨房），选黄花芥蓝（通常茎叶比例较大）用猪油（潮州人称喇，源于英文Lard）炒至芥蓝半熟时混入大地鱼碎，翻炒上菜，鲜甜，菜叶柔嫩，开胃。

七样菜

在广东汕头地区，大年初七那天，家家户户都要吃七样菜。

所谓七样菜，就是用七种蔬菜混炒成一盘菜。蔬菜的选择，颇有讲究，菜名充满了人们对新的一年的憧憬、希望和祝福，比如象征春天的春菜（叶用芥菜），生财的生菜，好彩头的菜头（萝卜），希望孩子聪明的葱和长高长大的大菜（大芥菜），愿家人勤劳致富的芹菜和会计算持家的蒜，等等，芥蓝在七样菜中被赋予的吉祥说法是会和别人搞好关系（潮州话“甲人”与芥蓝谐音），任意组合成七样菜。一家人一边吃着七样菜一边筹划和憧憬着新的一年。

我国在正月初七人日吃七样菜的风俗，始于魏晋时代，用七种蔬菜混制的七菜羹，罗隐诗云：“一二三四五六七，万物生芽是今日”，苏东坡诗云：“七种共挑人日菜，千枝先剪上元灯”，这些都是人日风俗的写照，《荆楚岁时记》云：“正月初七为人日，以七种菜为羹”。时至今日，潮州还有很多人称吃七样菜为“食七羹”。

人日这一天，潮汕地区每个村子的每一块菜地，都是村民共同拥有的菜园子，家里缺少哪种蔬菜，尽可以到别人菜地上采去，哪怕平时两家是冤家对头，村民们还乐意彼此交换家里的蔬菜，新年伊始，村里就笼罩在和睦友爱、乐观向上的氛围中。乡亲们还乐于把吃七样菜当作时间来谈话，如每次回乡过年，总有人这样问我住多长时间：“是不是吃了七样菜才走？”也许是我孤陋寡闻，就我了解，国内现在也就是潮汕地区比较好地传承了这一民俗。

就算是在城里过年，初七这天我也爱炒上一盘七样菜，对传统尊重的同时也吃上时令的佳蔬，何乐而不为？

以讹传讹

上文提及苏东坡，苏东坡有诗：“芥蓝如菌蕈，脆美牙颊响。白菘类羊羔，冒土出熊掌。”此诗近年来被中国喜欢舞文弄墨的文人广为引用，用来赞美芥蓝和大白菜的美味（比如陈诏《中国食馔文化》，上海古籍出版社，2001年，32页）。

不错，“脆美牙颊响”如果是吃冰镇芥蓝的话，倒是惟妙惟肖，可是苏东坡是1000年前的人啊！芥蓝是甘蓝类蔬菜中羽衣甘蓝的一个中国变种，甘蓝类蔬菜在地中海地区起源的历史应该不足1000年，大概有两条途径传入中国，一是从云南等西南地区陆地上传入，二是从东南地区经海上传入，从闽南语、潮州话对这类蔬菜的称呼看来，我更加相信第二途径。不管哪条途径，历史应该不会超过600年，就是说苏东坡死（公元1101年）后500年我国才有甘蓝类蔬菜的广泛栽培生产，至于芥蓝，在中国的历史迄今更不会超过500年。

因此苏东坡诗中的“芥蓝”，不是指现代意义上的蔬菜芥蓝，文人在茶余饭后闲谈说说无妨，白纸黑字写出来，还是动动脑筋，查证清楚，以免以讹传讹。

至于苏诗中的“芥蓝”是指何种蔬菜，那就有待进一步考证。

“偷　青”

写完“七样菜”，想起潮州地区也是发生在正月的与蔬菜有关的风俗“坐大

菜”，这是初七采集七样菜一直到元宵节时的另类风俗。

其实坐大菜就是我国南方地区广为流传的“偷青”。从初八开始一直到元宵这个中国情人节，姑娘们和小媳妇会在夜晚钻到别人家的菜圃，偷菜回家煮食，而且意义丰富，据说小姑娘偷葱便会更加聪明，大姑娘偷芥菜便会找到如意郎君，小媳妇偷到生菜便会怀孕生子，因此民谣唱道：“天青青，月明明，玉兔引路去偷青。偷了青葱人聪明，摘了生菜招财灵”。在川湘等地，这些偷菜的举动最好还是在菜圃主妇的也是善意的大声叫骂中进行，据说这样愿望最容易实现。

在潮州地区，元宵夜姑娘们会到大芥菜菜地坐，到竹园摇竹子，因此有这样的谚语：“坐大菜，找个好夫婿”，“摇竹丛，摇了正合人”。

早期广东有竹枝词：“偷青邻圃费侬心，篱矮身高怕露簪；喜欢今朝还凑巧，刚刚月影障梅阴。”和“偷青十五怕人窥，阿嬷当前母后随；最苦凤头鞋子窄，四更踏月话迟归。”词中偷青谐偷情，梅谐妹，唱出了对爱情的向往和苦苦追求。

我想，早几年流行的网络游戏偷菜在中国广为流行的传统社会文化原因恐怕就在这里。

菜（猜）谜

大年新春，传统上乡间会举行猜谜等民间文化活动。一些民间谜语是具有隐寓性的歌谣，充满生活气息和智慧，因此深受大众欢迎。蔬菜是人民生活中天天要碰到的，所以蔬菜常常是俗文学中民间谜语的题材。

比如广州地区的“青草结成一间屋，兄弟生来十五六，自小分房各自宿”，打莲子，莲蓬。

又比如客家地区的“青年表表，被刀砍倒，阎罗王作证，陈屋人担保”，打咸菜（阎谐盐，陈谐罂，即装咸菜的缸）。

有时这些民间隐寓的歌谣中每句均是一种意境，它们既各有所指，又相互有机联系，表达鲜明的中心思想，如潮州地区的：红杏枝头三月时（春菜，即春风芥菜），踏青未忍须臾离（韭菜，韭谐久），芳心至此长嗟叹（苋菜，苋潮音谐指呻吟），羞人答答总为伊（蕹菜，潮语应菜）。看起来是四种蔬菜名，通过各自句子的意境，描述了一个青春少女，在踏青的路上，一心追求爱情、摆脱封建礼教束缚，但现实又使她不能马上如愿，少女徘徊嗟叹的优美画面，配合巧妙天然，令人叫绝。

2. 结球甘蓝

结球甘蓝是十字花科芸薹属甘蓝种中顶芽或侧芽能形成叶球的一个变种，二年生草本植物，以叶球供食用，是世界知名蔬菜，在我国由于广泛栽培和产品较耐贮藏运输，因此在蔬菜的周年均衡供应中占有重要地位。结球甘蓝起源于地中海地区，传入我国有五六百年历史。结球甘蓝英文称Cabbage，我国的叫法五花八门，洋白菜、包菜、圆白菜、卷心菜、莲花白等等，广东人称椰菜（确实结球甘蓝外观很像椰子果实），台湾人称高丽菜，潮州人称“哥勒”或芥蓝蕾（潮州话蕾可指叶球），其中高丽菜和“哥勒”来源于甘蓝的西文Cole的音译，这个音译也许从侧面印证了结球甘蓝至少有一条途径是从海上传入中国东南沿海。

品种类型

结球甘蓝按叶片特征可分为普通甘蓝、皱叶甘蓝和紫甘蓝。我国主要栽培的是普通甘蓝，按叶球形状又分尖头形、圆头形和平头形，叶球体形也从小到大，其中圆头形结球甘蓝球叶脆嫩品质较好。紫甘蓝近年来国内也栽培不少，叶片和叶球紫红色，外观上含有丰富的花青素，因此大有流行之势。

此外，在中国台湾地区和我国大陆东南沿海地区，栽培有抱子甘蓝（英文Brussels sprouts，看来是比利时布鲁赛尔的抱子甘蓝比较出名），别名芽甘蓝、子持甘蓝，台语高丽仔，是由甘蓝进化而来的腋芽结球变种，自下而上采收大如拳头小如乒乓球的叶球，蔬菜产品品质较好，近年来大陆也有一些发展。

农残风险

结球甘蓝病虫害情况和芥蓝相似，在天热季节还比较严重，但是由于采收时间比较统一，农药安全间隔期比较好控制，因此，结球甘蓝农药残留风险低，一般市场上结球甘蓝产品不会出现农药残留超标。

烹调食用

结球甘蓝营养丰富，可炒食、凉拌、腌制或制成干菜，在全球范围内都广受欢迎，近来的研究发现，其含有丰富的含硫化合物，对乳腺癌有一定的防治作用。炒食如清炒椰菜，用辣椒、花椒、老醋和香油的炝圆白菜，腌制如圆白菜泡菜，潮式冬菜等等，颇为知名。这里介绍两种做法：

一是凉拌紫甘蓝。取紫甘蓝洗净晾干水，切丝，用较多的橄榄油、适量的意大利香醋和粉盐拌均匀即可上菜，松脆、开胃、可口，营养丰富（紫甘蓝含有大量的花青素，对血管保健有好处）而又富有异国情调。

二是包菜拌饭，这是一款潮州做法。焖好稍硬一点的米饭，虾米和香菇发好切成黄豆粒大小，腊肉或广式香肠切成花生米大小，包菜切丝，蒜青切碎。热油爆香虾米、香菇和腊肉，放包菜丝加盐炒八成熟，放入蒜青稍微翻炒后和米饭乘热拌匀即成，通常还加入压碎的油炸花生米，饭粒发光诱人，色香味具全，配上一碗清汤，包你扒下两大碗。

沧海一粟

甘蓝类蔬菜西文称Cole或Kale，前者多指结球甘蓝，台语高丽和汕头话哥勒称呼结球甘蓝也来源于此，Kale多称羽衣甘蓝，是芥蓝的祖宗，汕头话称芥蓝为“咖喇”也是音译于此。

由此想到以前英国曼联足球队的前锋也叫Cole，北方人翻译为戈尔，广东人译为高尔，Beckham北方人翻译为贝克汉姆，广东人译为碧咸，广东话说起来与英文发音更加接近。

多年前看香港电视播英国足总杯，为一广告词叫绝：“可口可乐，正嘢！”，广告的原文是“Coke，the real thing！”（字面是可口可乐，真正的东西），懂粤语者当可体验“正嘢”二字的传神。中国古文无“真”字，一般用“诚”“正”代替，粤人保存了用“正”表达“真”的习惯，正如粤语用“渠”称“他（或她）”一样，也是古文遗风，如朱熹的“问渠哪得清如许”。

在人类文明的交流中，古文、现代文、外文、外来词都担当了重要的角色，由卷心菜到可乐，再由可乐到正、渠，都只是沧海一粟。

包菜阶级

“旧谷行将尽，良苗未可希”，青黄不接而又乍暖还寒的二三月，是传统农夫一年中最难捱的饥寒交迫的日子，因此有“正月肚，二月虎，三月饿死老母”之农谣。我在20世纪70年代初，有幸体验过这种生活，稀米汤通常是不够喝的，于是很多家庭在米汤中加入了大量的包菜碎，原本做蔬菜或猪食的包菜，此时只能向人的主食让路，但是没有半点油水的包菜粥喝多了胃要冒酸水，难受，而且口感也不敢恭维，但是那年头包菜确实救了包括我在内的一大批乡亲免于饿死。因此对救命恩人包菜，我一直是感激不尽的，时至今日，我对包菜还是情有独钟。

80年代初我大学毕业后分配到北京工作。秋天时政府为了使冬天北京的蔬菜供应有保证，大力鼓励市民购买大白菜过冬，国家还为此发了补贴。一时间，宿舍的过道、楼梯和走廊都摆满了大白菜。然而那几年冬天几乎顿顿都是“老三篇”（土豆、胡萝卜和大白菜），却让我对大白菜望之生畏，但是我的一位来自北京城的同事却对大白菜津津有味，真让我想不通。

但是很快我就想通了，发工资的时候，我的这位同事在上大学前下过一年乡，算参加了革命工作，因此四年大学也算工龄，工资比我的高，我上大学前在家务农，不能算革命工作，不计工龄。

我笑称同事为大白菜阶级，自喻包菜阶级。

抱子甘蓝的世界

一次，在耶鲁撒冷，晚饭后出去走走，见一居民小院里，一位少妇抱着孩子喂奶，一边踱着步，一边哼着小调，金色的夕阳下，平日多事的圣城出奇的宁静，忽然，院子里一棵抱子甘蓝映入眼帘，在晚霞辉映下，抱子甘蓝与少妇一样，亭亭玉立，与少妇一静一动，多么令人陶醉的画面，在这个圣母玛利亚诞下耶稣基督的地方！

抱子甘蓝原产于地中海地区，高度可达1米以上，侧芽可长成叶球，大如拳头，

小如乒乓球，成熟株型给人果实累累的感觉，自下向上采收叶球，欧洲或地中海地区人民喜欢在院子里亦花亦菜地种上几棵，如果我们在阳台或院子里种上两棵，也是乐事，但是在日夜温差小的夏季，侧芽不易结球，天凉才是抱子时。

赫鲁晓夫在20世纪50年代曾提出大国主宰世界论，说“世界就是卷心菜”（只有一个心），现在美国人也是这种心态。我们则认为世界应该是丰富多彩的，是多极的，因此可以说世界不是卷心菜，而是卷心菜的兄弟——抱子甘蓝。

3．花椰菜

花椰菜是甘蓝类中以花球为产品的一个变种，英文称Cauliflower，看词头Cauli就与椰菜Cole同源，起源于地中海地区，由意大利人发扬光大，是世界性蔬菜，传入我国不足二百年，以前主要在华南和华东地区栽培，现在已经成为全国性广泛生产的知名蔬菜。花椰菜在冰箱可贮藏近一个月不变质，因此深受城市居民欢迎。

品种类型

按生育期长短可分为早、中、晚熟三类品种，一般说来，早熟品种个头小，花球不足一千克，较耐高温，晚熟品种个头大，花球可达两千克，喜欢冷凉气候，品质也较好。也可以按花球紧实程度分为松散型和紧实型，产品品质前者脆，后者嫩。

农残风险

花椰菜生产上主要病虫害有黑腐病、霜霉病和黑斑病等，虫害有菜青虫、菜蛾、夜蛾和跳甲等等，一般说来，如果使用农药时安全间隔期把握好，花椰菜的农残超标风险低。

烹调食用

花椰菜口感好，营养丰富，尤其是含有丰富的细纤维，对带走消化道残渣极有好处。花椰菜可做凉拌色拉，炒食，也可配合排骨汤半汤半菜。介绍两种做法：一是广州菜藠头炒菜花，选松散型花菜，洗净掰细，藠头洗净取头部，猪油热后先入花菜爆炒至八成熟，放盐和藠头再爆炒即成，此道菜要求一定要大火爆炒，广州话叫镬气要足，乘热食用，脆，香味十足。二是潮式番茄炒菜花，用油爆香香菇丝虾米，放入菜花爆炒，后放入番茄（用开水烫，去皮，切片）翻炒，加入适量水（或高汤）焖熟，撒上芹菜碎和香芝麻油混匀即成，风味独特，广受欢迎。

颠倒词

汉语中两个字组成的词，如果颠倒过来，往往词的意思就发生了很大的变化，例子不胜枚举：雪白和白雪，蜂蜜和蜜蜂，牛奶和奶牛，计算和算计，故事和事故，刷牙和牙刷，罪犯和犯罪，半斤和斤半，回来和来回，奖金和金奖，上楼和楼上，等等。

有的词前后颠倒，意思仍然相关或相近，也不胜枚举：积累和累积，并吞和吞并，夜半和半夜，大胆和胆大，质变和变质，焰火和火焰，少年和年少，依偎和偎依，互相和相互，替代和代替，整齐和齐整，发奋和奋发，离别和别离，弟兄和兄弟，等等。

作为蔬菜的花椰菜叫法就完全相同：蔬菜和菜蔬，花菜和菜花，都是那棵菜！

4. 青花菜

青花菜与花椰菜是兄弟，只不过花球是绿色的罢了，别名绿菜花、意大利芥蓝，广东人称西蓝花，英文称Broccoli，词尾也是甘蓝的意思，有意思的是这个英文词竟然来源于法语。青花菜发源于地中海地区，由意大利人培育成功，后迅速传遍世界，目前世界上广泛栽培，传入我国大概一百多年，但是一直到改革开放后国内才有大规模生产。

品种类型

青花菜有青花型和紫花型，后者国内比较少见，按成熟期分为早、中、晚熟类型，花球个头从小到大，一般早熟品种耐热性好些。目前青花菜生产上大多采用美、日和欧洲育成的杂交一代种子，性状比较稳定。

农残风险

青花菜生产上的主要病虫害与花椰菜相同，只是青花菜经常会因为缺硼而导致主茎开裂而后腐烂。一般说来，青花菜农残超标风险低。

烹调食用

青花菜国人多用来炒食，肉、海鲜和蛋类搭配，但是炒食的青花菜特别吸油，崇尚健康饮食的人可得注意。介绍一种欧式青花菜做法：青花菜洗净切块，用开水煮熟，捞出置冰水中激凉，捞出滴干水，用橄榄油、意大利香草醋调味后在盘上摆放整齐，盘上留一空白处，用奶酪、蒜头、新鲜百里香和食盐搅拌成泥状造型置空白处，喜欢重口味者与青花菜配合食用，色香味俱佳，如果你更重口味，用广东虾酱取代香草奶酪，更加提味。

五月花和西蓝花

在世界列强中，美国的历史最短。1620年英国一批新教徒从英国乘五月花轮船到达北美，开始了北美拓荒之旅，1779年美国独立，宣告独立的宣言正是基于在五月花轮船上形成的公约。

与五月花轮船北美之旅同时的地中海地区，开始出现一种称为嫩茎花菜或意大利笋菜的蔬菜，与花椰菜相似，叫法也很混淆，美国立国后的1829年，植物学家才将青花菜从花椰菜中分出。然后青花菜发展迅速，“青”遍全球。传入我国还不足一百年，但也一直到改革开放后，才在国内迅速发展。现在作为全球性蔬菜的青花菜，育种工作在所有蔬菜中是走在前列的，几乎所有生产用种都是杂交一代种子。青花菜营养丰富，尤其是高质量的纤维，广受人们的喜爱，在蔬菜中历史最短的青花菜也成了蔬菜皇冠上的明珠。

由此看来，历史长有历史长的自豪，历史短有历史短的骄傲，美国和青花菜，不都是这样吗？

5．球茎甘蓝

球茎甘蓝是甘蓝种中能形成肉质茎的变种，二年生，广东人又称大头菜或芥蓝头，也是地中海地区原产，16世纪传入我国，目前全国各地都有栽培生产。

品种类型

按球茎皮颜色分绿、白绿和紫红三个类型，按生长期分早、中、晚熟品种。

农残风险

球茎甘蓝生产上主要病虫害有黑腐病、霜霉病和黑斑病等，虫害有菜青虫、菜蛾、夜蛾和跳甲等，一般说来，产品农残超标风险低。

烹调食用

球茎甘蓝可生食、熟食或腌制。介绍一种生食的方法：选新鲜干净的球茎甘蓝，洗净去皮，切成牙签大小的细条，用香草醋、盐和橄榄油调味成德国口味，或者用香油、熟芝麻、陈醋和盐调味成中国口味，各有千秋，但一样的鲜脆，是不错的餐前开胃小菜。

文化杂谈

文绉绉

球茎甘蓝英文称Kohlrabi，其实这词本身是德语，也许是球茎甘蓝在德国广泛

栽培的缘故，词头Kohl是甘蓝的德语写法，字尾rabi在西文中有小头目的意思，由此看来，这个德文名字起的还满有理。但是中文在蔬菜名称中球茎甘蓝却给人特别文绉绉的感觉，还不如广东人叫芥蓝头呢。

其实，球茎甘蓝这个词，是一百多年前日本人在引进球茎甘蓝向中国介绍时产生的，由德语Kohlrabi翻译而来，同时期从德语经日语传入中文系统的外来词还有秋水仙碱（德语Colchicum）、胆固醇（德语Cholesterin）等上百个呢，球茎甘蓝这个翻译比起日本人用汉字表述的很多西文词汇虽然显得文绉绉，但还是准确的，没有歧义的。

6. 葱

在华东、台湾和华南地区有民谚："正月葱，二月韭，三月芹"。这里讲的葱主要指的是分葱（英文Bunching onion），是百合科葱属葱种的一类多年生草本。分葱原产于我国，是我国著名的调味蔬菜。

品种类型

葱的品种类型是最不容易谈清楚的，目前在国内的蔬菜市场上，五花八门，以分葱为主，还有细香葱（Chive，原产地存在争论，葱头细小，白色）、胡葱（Shallot，原产中亚，葱头较大，赤红色）和楼葱（Storey onion，原产地也存在争论，葱头大，红色）等，以及大量的以分葱为父（母）本和其他葱类蔬菜杂交的品种，此外全国各地还有大量的地方品种。葱的类型按头部颜色分红葱、白葱，按葱头分大小头葱，一般消费者不必也没可能分清，但是不变的是小葱更辛香些。

农残风险

葱类蔬菜主要病虫害有蓟马、潜蝇、霜霉病等，生产上使用农药引起的残留风险小。

烹调食用

一般葱是用来调味而不是做主菜料（西北的半野生葱沙葱除外）。美国人称呼中国北方广泛流行的包子是“塞有大量肉碎和葱碎的面团”，用葱量算是大的了。喜欢广东白切鸡，红葱头、酱油和花生油混合是上等配食调料，广东菜中清蒸鱼葱也是不可或缺，通常是鱼蒸熟后在鱼身上铺上纵向切丝的葱丝，淋上滚烫的花生油后上桌，打个有点不雅的比方，没有葱丝的清蒸石斑鱼就像没有毛发的美人，看上去乏味多了。

文化杂谈

葱花角色

一个群体内，总有被称为活宝的人，他们调节气氛，活跃情绪，提高士气；一个机关办公室中，总有人从事收发、接待等杂务，使得机关运转正常；一个居民小区，总有人积极参与小区卫生、文体活动，使小区生机勃勃。这些人不一定是群体内的佼佼者、机关内的领导者或小区的管理者，但正是这些角色使得社会和谐运转。

这让人想起葱花。设想一下，富豪在高级餐厅面对清蒸石斑鱼，上面的葱丝就是锦上添花；饥肠辘辘的穷人面对漂浮在清水面条上的葱花，会焕发出对生活的热忱，这时面条上的葱花，就是雪中送炭。

善待葱花，善待生活中的配角。

潮 州 葱

清《两般秋雨庵随笔》谓：“粤俗，以潮州最坏”，并录有潮州太守黄霁青所作之《潮州乐府》，对十大社会坏风气进行了辛辣的批评和讽刺：一是《翻金罐》之迷信风水，二是《螟蛉子》之重男轻女，三是《女儿布》之婚姻陋习，四是《打冤家》之武斗械斗，五是《买输服》之诬陷冤屈，六是《宰白鸭》之弄虚作假，七是《速吊放》之掳掠绑架，八是《阿官崽》之纨绔子弟，九是《打花会》之赌博投机，

十是《罂粟瘴》之吸毒成风。

虽然这些不是潮州人的专利，但不幸的是二百年来，上述十大丑象依旧。深究一层，今日潮州人续此遗风的人文基础是急功近利和死要脸皮的社会群体心理，以致一部分人弄虚作假和盲目攀比。这使我想起明朝田汝成在《西湖游览志余》中因厌杭州人的“俗喜作伪，以竭其利，不顾其后”而讽刺：“杭州风，一把葱，花簇簇，里头空”。将杭字换成潮字，是多么的不得已而为之。

刘伯温在《蔬菜略》中讲葱，聪也，褒之，歇后语鼻子插葱——装象，贬之，一褒一贬之间，是否存在反被聪明误的注定？清末民初，汕头和沪、港、穗等一样，是中国南方的重要商埠，社会发达，曾经得到马克思的高度评价，可是现在呢？30年前改革开放之初，凭潮州人的海外资金和较高文化素质的人力资源，本是脚踏实地大力发展的大好时机，现在与其他发达城市的差距可是越来越大。

于是，每次回潮汕，来也匆匆，去也匆匆，但在品尝潮州菜美味时，不忍吃葱。

中国葱

凡是做中国菜的厨房，必备有葱。由于葱的辛香味，迎合了以调味为中心的中国烹调需求，因此应用广泛。清朝《昨非庵日纂》载：“宋有士人，于京师买了一妾，自云是蔡太师府包子厨中人。一日令做包子，辞以不能，诘之，对曰：妾乃包子厨中缕葱丝者也。噫，侈肆如此，不倾何待”。这里不讨论统治者生活的奢侈，在厨房中专设缕葱丝者，足见葱在烹调中调味的重要地位。

对于吃饭，林语堂说“英国人所感兴趣的是怎样保持身体的健康和结实”，西方人持的是实用、科学的态度，而国人却是讲究以味为中心的食物的美。我想，这是不是分葱流行于中国而洋葱流行于西方的社会哲学基础呢？因此，在讲究食物美味的同时，我们应该注入更多的实用和科学的态度。

一根葱

传统的农贸市场（广东人称街市）在城市化进程中被超级市场冲击得很厉害，

虽然基于我国民众的消费习惯和社会发展水平，哪怕是大城市的街市购物环境比起欧美来差了很多，地板通常是湿淋淋的，但是由于街市食材新鲜又品种丰富，因此很多市民还是热衷于去街市买菜而非超级市场。

街市买菜可以讲价，《笑林广记》有一个笑话："妇人门首买菜，问：'几个钱一把？'卖者说：'实价三个钱两把。'妇人还两个钱三把。卖者云：'不指望我来摸娘娘一把，娘娘倒想要摸我一把，讨我这样便宜。'"类似的调侃在卖菜者和熟客之间很常见，卖菜的还常常跟买者讨论烹调方法，并免费附送一两根葱之类的辛香调味菜，总之街市充满了浓浓的市井生活气氛。

在超级市场上，两根葱也用一个塑料袋包装（往往还卖1～3元不等），一些用带有胶水功能的包装袋捆扎，而且葱还往往被切去了根，这种近乎没头的葱不耐存放，而且香味不足，家庭厨房对葱的需求往往是做菜的时候才想起来，需要常备，因此超级市场的葱不太受欢迎。

对于将葱去头，有媒体还称之为无公害净菜。不错，为了减轻城市的垃圾处理压力，实行净菜上市是值得提倡，但是一根葱也使用一个塑料袋，增加白色污染，胶带的胶水又污染了葱叶，这叫无公害？算哪根葱的逻辑！

7. 洋葱

英文Onion指的就是洋葱，是百合科葱属中以肉质鳞片和鳞芽构成鳞茎的二年生草本。洋葱起源于中亚，人类食用洋葱已经有近六千年的历史，目前是世界性蔬菜，我国大约100年前传入栽培，比日本晚了差不多200年。

品种类型

普通洋葱按鳞茎皮色分红皮洋葱、黄皮洋葱和白皮洋葱，一般说来，红皮洋葱辛辣感强些，黄皮洋葱甜味重些，白皮洋葱柔嫩些。除了普通洋葱，还有分蘖洋葱和顶球洋葱，后两种是地方性栽培品种。

农残风险

洋葱生产上主要病虫害有霜霉病、紫斑病、炭疽病、葱蓟马和葱蝇等，一般使用农药防治时在鳞茎的残留微小，洋葱农残风险小。

烹调食用

洋葱富含蛋白质和磷、铁等矿物质，营养丰富，还含有挥发性的含硫化合物而具有特殊的辛香味。洋葱可炒食、煮食、调味或腌制。国人食用洋葱，一般都与肉类搭配，其实，用橄榄油清炒，注意不要太旺火，也是不错的方法。

为洋葱哭泣

洋葱营养丰富，对强身壮体很有好处。据说古时候横渡英吉利海峡的游泳训练中，餐餐都少不了洋葱，五千多年前古埃及工人在建造金字塔的时候，也吃了大量洋葱补充体力。由于洋葱出色的营养健身功能，自古至今一直被西方人士视为蔬菜皇后。

洋葱起源于中亚，公元前3300年埃及人就有食用洋葱的记载，公元前500年希腊就有学者研究洋葱，1630年左右传入日本，我国栽培和食用的历史却不足一百年，主要原因是国人认为洋葱“败血”，另外担心吃了洋葱后肠胃容易胀气，要放屁。

其实这冤枉了洋葱。洋葱富含铁，这是补血。前些年台湾流行的洋葱泡红酒，据说清血功能也很突出，近年来有很多文献证明了这个观点，如此看来，食用洋葱后清血使该软的心脑血管软化了，有趣的是，欧美男士热衷食用洋葱拌生鸡蛋，据说壮阳功能显著。至于放屁的担忧，则是含硫化合物经过消化道后使得我们的鼻子更加敏感罢了。

由于洋葱含有丰富的挥发性含硫化合物，因此在洗切洋葱时对眼睛有刺激。我为洋葱哭泣，不是在洗切时流泪，而是因为洋葱作为优质蔬菜，在传播中从中亚绕过中国传到日本300年后才在中国发展，好像在中国不太受欢迎。

8. 大葱

大葱是百合科葱属中以叶鞘组成肥大假茎为主要产品的二年生草本。大葱是著名的中国特色蔬菜，起源于中国，由野生葱演化而来，两千多年前的《山海经》就记录了大葱的分布，汉代还有《四月民令》谓："四月别小葱，六月别大葱"，一千年前由朝鲜传入日本，五百年前传入欧洲，但欧美等地栽培甚少。

品种类型

大葱按分蘖特性分普通大葱和分蘖大葱，一般说来前者假茎大些，也可按假茎外观分长白型、短白型和鸡腿型，华北和东北等地还有大量的地方品种。

农残风险

大葱生产上主要病虫害有霜霉病、紫斑病、炭疽病、葱蓟马和葱蝇等，一般说来大葱农残风险低。

烹调食用

大葱营养丰富，含有硫化丙烯，有辛香风味，有杀菌、预防风湿和防治心血管疾病等药效。可生食、炒食、凉拌和作作料。炒食的话国人一般多与肉类搭配，如大葱爆辽参、大葱炒羊肉（或猪肉、牛肉）、大葱爆羊肝羊肾、大葱羊肉馅饺子包子等颇为知名，这几味菜肴都被认为具有温阳补肾的功效。其实，著名的煎饼夹葱的山东名食、或者东北人士用大葱配甜面酱直接生吃，才是大葱最具风味的食法。

文化杂谈

起错名

在葱、大葱和洋葱三葱兄弟中，葱迎合了中国烹调调味功能，在中国大行其

道，洋葱迎合了西方强身壮体的饮食需求，在西方大受欢迎，夹在中间的大葱，除朝鲜半岛和日本有些栽培外，就是在中国华北和东北流行，虽然大葱和洋葱功能相似，但大葱始终在西方流行不了。

大葱英文称Welsh onion，这个叫法与威尔士没半毛钱关系，Welsh来自德语welsch，往往指的是外国的，与英语foreign相似，大概是从东方引种大葱后得此名，值得指出的是这个说法德语等西文中往往有瞧不起、地方性歧视的贬义，说不准这是大葱在西方流行不了的主要原因呢。

看来大葱的西文名起错了。

9. 藠头

藠头是百合科葱属能形成小鳞茎的多年生草本，别名薤、藠子。藠头原产于中国，《齐民要术》中记载了藠头的栽培和加工方法，藠头是在中国尤其是南方广泛流行而且历史悠久的特色蔬菜。

品种类型

藠头有大叶型、细叶型和长柄型，大叶型分蘖少，细叶型分蘖多，长柄型品质较好，较脆嫩。

农残风险

藠头生产上主要病虫害有蓟马、潜蝇、霜霉病等，生产上使用农药引起的残留风险小。

烹调食用

藠头营养丰富，有与葱不同的特色清香。我国用盐或糖腌制加工，腌制藠头是南方人广泛流行的开胃小菜。炒食在上文已经介绍过藠头炒花菜，这里介绍一款潮州特色藠头饭：香菇、虾米发好切碎，腊肠或腊肉切粒，藠头洗净切碎，焖好稍微

硬点的米饭，热油爆炒香菇、虾米和腊肉，放入藠头稍微翻炒，加入适量酱油和香油乘热与米饭拌匀即成，藠头的用量可以大些，火候掌握到吃起来藠头半生不熟的口感最好。此外，新近流行用上等红酒泡藠头，也是非常好的开胃小菜。

酪藠

在好多出版物中藠头常常被书写为荞头，而且将错就错流行开来，现在大多数都以荞头表述，写藠头反而被认为另类，其实教科书中写薤也是一样很不大众化。

藠头英文称Scallion，闽南语系中叫“酪藠”（如同茄子闽南语系称呼茄子叫“酪酥”中的酪一样发lak音）。日本话称呼藠头为rakkyo，美国加州大学人类学教授安德森（E. N. Anderson）在综述中国蔬菜时指出日语rakkyo中kyo发音来自汉语的“藠”（《中国食物》，江苏人民出版社，2003年，126页），这是一知半解，显然，日语rakkyo来自闽南话“酪藠”，藠头也许是由台湾、福建或广东东部操闽南语系的人传入日本的呢。

潮州人翁辉东先生《潮汕方言·释草木·酪藠》说得好：“薤之为物，头白如葱，三片成束，古制字藠，肖其形也”。

薤露

上文提及的翁辉东（1885—1965）先生，是潮汕学人之翘楚，早年参加同盟会，曾任韩山师专的前身惠潮梅师范专科学校代理校长，也曾与饶宗颐先生一起编撰《潮州志》，翁先生的语言和书法均有很高造诣。家父多次向我提起翁先生，不久前是翁先生诞辰130周年，享年93岁的家父也驾鹤西去，行文及此，薤露两字，涌上心头。

薤露是乐府《相和曲》曲名，在战国时期是挽歌。薤的叶子向上、细长且表面有一层蜡质，凌晨的露水不容易挂住，因此很易干，古人见之慨然，感叹人生如薤上朝露一样容易蒸发，于是以《薤露曲》为丧歌。据东晋昭明太子《文选》记载，战国时期的音乐，《薤露曲》几乎和《下里巴人》一样流行。《后汉书》记载：“及酒阑唱罢，继以薤露之歌，座中闻者，皆为掩涕”。“薤露”一词，在唐诗中也常见，如“忽惊薤露曲，掩噎东山云”“车前齐唱薤露歌，高坟新起白峨

峨”等等。宋代诗人刘克庄也有《挽吴郡谋少卿》诗句“薤歌不尽云亡恨，直待碑成慰九泉”。

10．韭菜

韭菜英文称Chinese chives，是百合科葱属以食用嫩叶和柔嫩花薹为主的多年生宿根草本，别名草钟乳、起阳草、懒人菜等，原产我国，是与大白菜一样流行全国的最有中国特色的知名蔬菜之一，日本和欧洲有少量栽培。

品种类型

其实韭菜有两个种，一是根韭菜（Allium hookeri Thwaites，Enum），流行于云南南部保山等地，当地人称为披菜，食用肉质根的为主，二是普通韭菜（A. tuberosum Rottl. ex Spr.），又分为叶韭、花韭和花叶兼用韭菜，至于韭黄，则是普通韭菜采用遮光栽培的软化、黄化叶韭。

农残风险

韭菜的主要病虫害有紫斑病、灰霉病、疫病、炭疽病、锈病、斑枯病、线虫、葱蝇和葱蓟马等。由于线虫和葱蝇等地下害虫较难防治，以前一些菜农违规使用一些高毒农药，或者中毒农药而又没到达安全间隔期就采收，曾经导致食用者中毒，因此综合看来韭菜农药残留超标风险中等偏小。

烹调食用

韭菜富含挥发性硫化丙烯，具辛香味，开胃。我国的食用历史在4000年以上，各地食用方法不同，经验丰富，广为流行的是当饺子馅、与河虾或鸡蛋或豆干或蚬肉炒食、炒面条或河粉配菜、煮猪血配菜、与豆芽混炒等等，清袁枚在《随园食单》中云：“韭，荤物也。专取韭白，加虾米炒之便佳，或用鲜蚬亦可，肉亦可”，诚然。因此讨论韭菜的烹调实属多余。值得一提的是在讲究清淡饮食的今天炒食韭菜时还是要放足够的盐巴，宁咸勿淡，其次，民间有传说牛肉不宜与韭菜搭配炒

食，最后，夏季天热时不提倡吃太多韭菜。

此外，韭菜也可作为调味的辛香蔬菜，有三个用途值得一说，韭菜切碎加入盐水用来配食潮州油炸豆腐干，二是广东茂名一带用油炸韭菜后的油调味肠粉，三是最著名的涮羊肉蘸酱：韭菜花酱，都很有特色。

韭之三久

《诗经》云“献羔祭韭”，说明古代韭菜和羔羊都是重要的祭品，汉代我国已经有利用暖房（温室）栽培韭菜，北宋时已经有韭黄的栽培，难怪明朝刘伯温在《蔬菜略》中将韭菜列为众菜之首：“久，故植之以韭”。此韭之一久也：历史悠久。

韭菜又名懒人菜，是多年生宿根草本。韭菜抗寒耐热，茎叶可耐零下4℃低温，地下根茎则可耐−40℃严寒，夏季40℃的炎热也可生长。因此，韭菜可多年栽培，尤其适合于庭院种植，郑板桥有名句“最是老农闲不住，墙边屋角韭为畦”，在欧美，哪家庭院栽培有韭菜，十有八九是华人。生长期和供应期之长久（一年可收五茬以上），乃韭之二久也。

韭菜又名起阳草，名副其实，不仅韭菜籽可做温阳中药，采用茎叶也因中国人笃信食疗同道而被广泛用于阳痿和早泄的辅助治疗，民间广泛流行韭菜炒鲜河虾仁的验方，治疗性事的举而不坚，坚而不久。由于韭菜与性事情爱的关系，就难怪郑板桥在赞美“春韭满园随意剪”之时，要与“小姑衣薄”联想在一起（《田家四时苦乐歌》），再引证一下1911年梁启超在台湾写下的一首台湾竹枝词：“韭菜花开心一枝，花正黄时叶正肥。愿郎摘花连叶摘，到死心头不分离”。由此看来，韭菜与情爱的关系，不仅体现在肉体上，也体现在精神上，韭菜真是灵与肉，皆长久。此韭之三久也。

韭菜压豆干

潮式豆腐干油煎，混炒韭菜，是小有名气的潮州菜，汕头人称之“豆干压韭菜”，香口诱人，而且特别下饭。每逢吃到这个菜，我就回想起20世纪60—70年代在乡下看电影。

那时候文化生活极度贫乏，一个月村里会轮到放映一次电影，正如支部书记在电影中场休息的广播中所说，社员同志们晚上除了搞搞男女关系就无事可做，所以放放电影丰富丰富。虽然乡亲们的生活水平还达不到伟大领袖教导的那样“农忙吃干，农闲吃稀，平时半干半稀”，通常是番薯丝稀饭还不够吃，但如果晚上有电影，小康人家便会捞番薯丝干饭，于是，下饭的菜也就比下粥的咸菜要丰盛一些，鱼肉自然是不敢指望的，韭菜压豆干就成了例牌选择，用此菜配番薯丝干饭也确实对路，吃干饭的目的一是耐饿，二是省得喝粥后电影放映中途离场撒尿。

其实，在潮汕地区，早就有民谣唱出乡间演出和蔬菜的关系，如“一把韭菜一把葱，戏子生好（漂亮）外块人。脚踏棚坊会做戏，禾埔（男人）假做姿娘人”，还有“官脚（提只）饭篮来摘茄，听见锣鼓冲冲潮。放掉饭篮走去看，在做陈三共五娘”和“官脚饭篮摘芫荽，听见锣鼓阵阵催。放掉饭篮走去看，在做关爷带二妃”，等等，其中陈三五娘和关爷是潮剧人物。

只是，时光流逝，类似的民谣和那时吃番薯丝干饭配韭菜压豆干的好胃口，似乎一去不复返，唉。

心中毒了

说一个二十年前真实的故事。

镇里早市上来了一位老伯挑着一担翠嫩欲滴的韭菜叫卖，因为韭菜的卖相特别吸引人，因此，买者总是怀疑韭菜种植时施用过呋喃丹（一种剧毒农药，国家严禁在蔬菜生产上使用，但以前确实有一些不法菜农违法使用，导致食用者中毒，也有致死的先例。但呋喃丹对危害韭菜的地下害虫效果特别好，而且使用后韭菜的卖相也好），老伯否认，买者不信：“不用呋喃丹韭菜哪能长得这样漂亮？”木讷又实在的老伯顺手拿了两条韭菜塞进口里：“我吃给你看！”几乎每位买者来了老伯都要示范吃上两根生韭菜，可怜空腹卖菜的老伯一担韭菜才卖完，胃里的生韭菜连同泡沫涌出口来吐了一地，集市管理者见状以为老伯的韭菜真含有呋喃丹使老伯中毒，赶紧送老伯去医院洗胃抢救，并急忙广播通知全镇买韭菜者不得食用。其实老伯的韭菜并不含呋喃丹，呕吐是因为空腹吃太多生韭菜导致。

老伯没有中毒，买韭菜者也不会中毒，是大家的心中毒了，因为大家都缺乏诚信。中国的食品安全问题，归根到底就是诚信的问题。

11. 大蒜

大蒜英文称Garlic，是百合科葱属中以鳞芽构成鳞茎的栽培种，二年生草本，别名蒜、胡蒜，古名葫。大蒜原产欧洲南部和中亚，我国栽培大蒜已有2000多年历史，目前我国是世界上大蒜生产面积、消费和出口量最大的国家。

品种类型

大蒜按蒜瓣分大瓣蒜和小瓣蒜，还有独瓣蒜，按皮色分紫皮蒜和白皮蒜，按叶子分宽叶蒜和狭叶蒜，一般说来紫皮蒜头辛辣味更浓些。此外还有专门用于生产蒜青和蒜薹的品种。

农残风险

大蒜生产上主要病虫害有霜霉病、紫斑病、炭疽病、葱蓟马和葱蝇等，一般使用农药防治时在鳞茎的残留微小，大蒜、青蒜农残超标风险低。

烹调食用

大蒜营养丰富，尤其是磷、铁和镁含量。大蒜含有大蒜素（allicin），是蒜氨酸形成的挥发性硫化物，有特殊的辛辣味，可以增进食欲，并具有抑菌作用。大蒜大都用于调味用，一般不单独做菜，当然蒜青和蒜薹除外，值得指出的是蒜青和蒜薹钾的含量比较丰富，对于提高情绪、防治高血压等很有好处。

文化杂谈

口 气

古埃及、古罗马和古希腊是最早栽培大蒜的地区，据说5000多年前埃及修金字

塔的民工每天都食用大蒜，目的是防病和增加力气，古代埃及、罗马和希腊的士兵也以吃大蒜来壮胆。我国对大蒜的食疗功能文献记载的有开胃、健脾、助消化、辟邪、通窍、解暑气、去寒滞、驱瘟疫、杀菌杀虫、止痒、解毒消肿、虫咬蜂蛰，甚至治疗脚气等等，似乎大蒜是包治百病的灵丹妙药。此外，近年来有关吃醋泡大蒜防癌的传说也很盛。

事实上，大蒜的营养价值与其他蔬菜差异不大，独特的是对细菌和真菌有抑制和杀灭功能的大蒜素。值得一提的是有急性胃炎、消化道溃疡和眼疾者不宜多吃，否则病情还会加重。

刘伯温在《蔬菜略》中说："聪达则得算多，故植之以蒜，蒜者，算算"，但是俗语说得好，机关算尽太聪明，过度了就适得其反，没有必要夸大蒜的食疗作用。

《笑林广记》中有一笑话："一口臭者问路人曰：治口臭有良方乎？答曰：吃大蒜极好。问者讶其臭，曰：大蒜虽臭，还臭得正路"。

吃完大蒜口气大，因此国外一些高级点的餐厅如果菜中大蒜用的多，餐后会送上小茴香或者香口胶。

对于大蒜包治百病的大口气，又该如何呢？

12．荠菜

荠菜是十字花科荠菜属中以嫩叶食用的野生或栽培种，一二年生草本。荠菜别名护生草、菱角菜、清明菜、地儿菜、净肠草等。原产中国，广泛分布于地球温带。荠菜是全球范围内人类最早采食的野菜之一，我国长江口地区大约100年前开始有比较大规模的人工栽培生产。

品种类型

荠菜的人工栽培品种主要有两类，一类是板叶种，叶子浅绿色，叶大而厚，另一类是散叶种，叶子深绿色，叶片短小而薄，香气足。野生种中最少上述两类都存在。

农残风险

荠菜作为野生或者半野生蔬菜，农药残留风险极小，人工栽培的荠菜生产上发生的病虫害虽然和十字花科蔬菜相似，但是实际上尤其是春秋两季需要使用农药的不多。

烹调食用

中医认为荠菜有利尿、止血、清热、明目和清理肠胃的作用，加上荠菜特有的清香风味，因此受到国人的广泛喜爱，尤其是立春后，更是受到特别追捧。陆游有“有食荠糁甚实美”诗句，荠糁就是流行于四川的东坡羹，就是用荠菜等青菜和汤、淀粉制作的菜羹。我国各地食用荠菜烹调方法各异，凉拌、热炒和做汤都有，华北地区的荠菜馅饺子和四川的荠菜馅抄手更是知名，不过现在超级市场上出售的荠菜大都是人工栽培种，尤其是速冻荠菜饺子，其荠菜更是人工栽培的板叶种，想尝到地道的荠菜风味，还是早春到野外找野生散叶荠菜挖去。

钱包和美色

荠菜分布广泛，是世界性野菜，荠菜英文称Shepherd’s purse，意思是牧羊人的钱包，可见，牧羊人在放羊之际采集荠菜，是帮补家计的常见做法。

前些年热播的电视剧《康熙王朝》，说康熙在宫外风月场所结识了名妓紫云姑娘，被其所迷，让太监在宫外金屋藏娇，并以荠菜饺子为暗号称紫云姑娘。

想想也是，荠菜和美人，一样的秀色可餐，而且还是饺子（东北人说好吃不过饺子）。

只是，古代皇帝这样做，我们称为风流韵事，现在利用公权力使自己钱包鼓起来的贪官这样做，我们就叫生活腐化。

商　榷

2500年前的《诗经》有名句“谁谓荼苦，其甘如荠”。《诗经》三百首诗中有

一百三十多首提及植物，台湾大学潘富俊教授研究考证了这些植物，并配图编著了《诗经植物图鉴》(上海书店出版社,2003年)。在讲述荠菜时说“春秋战国时代，如《楚辞·离骚》所言：‘故荼荠不同亩兮’，表示荠菜和苦菜已经有大面积的栽培”(该书73页)，值得商榷。

荼在古代泛指包括苦菜、旱地草本、开白花的草本，《诗经》中多指味道苦甚不堪食的野菜，《谷风》云：“谁谓荼苦，其甘如荠。宴尔新昏，如兄如弟”，大意是经历了艰苦后和心上人走到一起，尝到了如蜜的新婚生活。因此荼荠关系就是苦甘的关系。《楚辞》“故荼荠之不同亩兮”导致潘教授所做推断的根据，应该在亩字上。根据《汉语古代字典》(商务印书馆，1998年)，亩字在古代中文中大约有三个用途，一是田垄，二是转义为旷野、乡野(如《战国策》：故舜起农亩，出于野鄙，而为天子)，三就是土地面积单位。显然，潘教授采用了第一用途解亩：农田田垄，进一步推断春秋时“荠菜和苦菜已经有大面积的栽培”。《楚辞》“故荼荠之不同亩兮，兰茝幽而独芳。惟佳人之永都兮，更统世以自贶”，大意是“苦菜和荠菜不在一起生长，兰草和芷草各自深处散发幽香。只有美人才能永久美貌，经历沧桑后百世流芳”。综合看来“故荼荠之不同亩兮”中亩字应该从第二用途解，泛指旷野乡野，显然也就不能推断春秋时我国就有荠菜的大面积栽培。根据《中国农业百科全书·蔬菜卷》(农业出版社，1990年)，“19世纪末至20世纪初，上海郊区开始栽培荠菜”(该书108页)。

此外，“故荼荠之不同亩兮”出于《九章·悲回风》，而不是《离骚》，潘教授也搞错了出处，并少写了一个之字。

13. 蕨菜

蕨菜是指风尾蕨科蕨属中以幼嫩叶芽食用的野生种，英文称Wild brake非常准确，广泛分布于热带、亚热带和温带地区，我国各地都有分布，各地叫法多样，比如蕨薹、龙头菜、鹿蕨菜、拳头菜和猫爪等等。个别地方还有人工栽培生产。

品种类型

蕨菜中只有荚果蕨、鹿角蕨和凤尾蕨可食用，非专业人士不易区分，而且各地外观不一，因此，如果到野外采集蕨菜，一定要向当地有经验者请教。

农残风险

蕨菜是野生蔬菜，农残超标风险极低，倒是要注意采摘地方土壤的本底重金属情况。

烹调食用

蕨菜味甘、微苦，性寒，有清热解毒利尿滑肠的功效。鲜品蕨菜大都用开水煮一下后过冷水，挤干水，去除黏质和土腥味，然后炒食或做凉拌，炒时大都与动物蛋白如鸡蛋和肉搭配，凉拌时往往需要大量的油和调味品。超级市场上购买的蕨菜一般是腌制品或干菜，烹调方法也大同小异。

从天堂到地狱

人类食用蕨菜的历史悠久，《诗经》就有“言采其蕨”的记载，商朝有君子伯夷不食周粟，入山采食蕨最后饿死于首阳山的传说，白居易有“蕨菜已作少儿拳”诗句，更有文献说食用蕨菜后延年益寿，因此长期以来被人们当作山珍，日本人也曾经尤以为甚。

到了前些年，由于从蕨菜中发现了“原蕨苷”这种致癌物质，对日本中部山区、英国北威尔士地区等地就食用蕨菜习惯和消化道癌症发生率的调查报告发表以来，有关吃蕨菜致癌的讨论便喋喋不休。此外，一些蕨类植物对土壤中如砷、镉等重金属有强烈的富集作用，有科学家甚至通过种植蜈蚣蕨来清除土壤中的重金属。

于是乎蕨菜似乎一下就从天堂掉到地狱。其实不必过度担心，虽然不提倡经常食用，但是偶尔食用应该问题不大，此外采用碱水煮泡，可以大大减少原蕨苷的含量（这是民间用灰水泡制蕨菜的科学原因），倒是重金属的问题似乎更加值得注意，尤其是产地土壤重金属本底或污染高的地区。

14．薇菜

薇菜英文称Vetch，是豆科野豌豆属以嫩茎叶供食用的野生种，别名大巢菜、扫帚菜、野绿豆等。我国各地均有分布，采食历史也很长，多见于春夏时节，在麦田、地边和灌木林间采摘。

品种类型

从现有文献看来，野豌豆属（Vicia）中有几个种都曾经被提及为薇。因此如果自行采摘，还是请教当地有采摘食用经验者。此外北方有用蕨类植物加工的干菜也叫薇菜，容易引起混淆。

农残风险

薇菜是野生蔬菜，农残超标风险极低，但要注意采摘地方其他作物的农药使用情况。

烹调食用

薇菜营养丰富，中医认为其味甘辛，性寒，有清热利湿，和血去瘀的功效，可治疗黄疸、浮肿、心悸、梦遗和月经不调等。薇菜口感除了略辛外与现代豆苗接近，味道鲜美，可凉拌、炒食和做汤，一般先用盐开水煮焯断青后烹调，重庆人用其做红油抄手，更是鲜美。

文化杂谈

小处见精神

薇菜之所以称为薇，据说是因为微小、细小（许慎《说文解字》：薇……乃菜之微者也）。细小也可能是因为采摘可食部分占植株的比例小，因为一般薇菜可达

40厘米高度以上。《诗经·小雅·采薇》:“采薇采薇，薇亦作止。……薇亦柔止。……薇亦刚止”，诗中作、柔和刚三字，就是对薇菜可食部分生动的描写。

《史记》记载伯夷不食周粟，采薇蕨而食，饿死首阳山的故事，晋朝陶渊明《拟古九首（少时壮且厉）》有“饥食首阳薇，渴饮易水流”，明朝顾炎武《复庵记》有“知君秉性甘薇蕨，暇日相思还杖藜”。这些都用薇菜表达了爱国、清高、不随俗世的精神。

薇菜，小处见精神啊。

15. 鱼腥草

鱼腥草是三白草科蕺草属中以嫩茎叶供食用的野生种多年生草本，别名蕺儿根、蕺菜等。分布于中国和日本，多生长于阴湿地或水边处，在中国西南地区已经有几十年的人工栽培生产历史。

品种类型

西南地区民间有采食鱼腥草的习惯，叶色和其他特征也有差别，采食者如缺乏经验应该请教有经验者，免得误食。

农残风险

鱼腥草是半野生蔬菜，生产上主要病虫害有白绢病和螨类，发生严重时也会使用农药，但农残超标风险低。

烹调食用

鱼腥草味辛，性寒，具有清热解毒、排脓等功能，中医和民间用于治疗肺热咳嗽等病（鱼腥草干是常见的中草药）。鱼腥草鱼腥味道怪异是由于鱼腥草富含挥发性油，包括甲基正壬酮、月桂油烯和羊脂酸等成分。鱼腥草一般用嫩茎叶炒食、生拌或做汤。由于鱼腥草怪异的鱼腥味道，炒、生拌时需要加入大量的调味品，如蒜、辣椒油、香油、花椒油、醋、酱油、盐、糖等压味。

一样怪异

鱼腥草怪异的鱼腥味让初食者不敢下箸，云南贵州等西南地区喜欢者却乐此不疲。据说云南贵州等地区有漂洋过海到国外谋生的人，老死客乡之前还念念不忘要吃上一口鱼腥草，否则咽不了最后一口气。

怪异的不只是味道。鱼腥草英文一般称Houttuynia，这个字还不是很怪异，源于蕺草属属名拉丁文*houttuynia*。《中国农业百科全书·蔬菜卷》（农业出版社，1990年，107页）和国家农业行业标准《蔬菜名称及计算机编码》（NY/T 1741—2009）称鱼腥草为heardleaf hvulluynia，heardleaf的意思是心叶，hvulluynia看上去就不像英语，比鱼腥草的味道还要怪异，很明显，这是*houttuynia*的笔误。一样怪异的还有，上述“全书”和“标准”一样把竹荪的英文veiled lady同样错误地写成verled lady。

估计“标准”是照抄于“全书”,“全书”笔误后没有勘误所致。典型的以讹传讹啊。

16. 益母草

益母草是唇形科益母草属中以食用嫩苗为主的野生或人工栽培一年或二年生草本，别名蓷、茺蔚、坤草、九重楼、云母草等等。中国广泛分布，传统上在即将开花时采摘全草或生产全草用于制作中药益母草浸膏，在广东省东部尤其是汕头地区和闽南地区，多年来栽培益母草采收嫩苗做蔬菜用，近年来在华南地区颇有流行之势。

品种类型

益母草有两个变种，分别开紫花和白花，后者主要流行在闽南和汕头地区，做蔬菜用品质也比开紫花的要柔嫩。市场上购买益母草蔬用，越嫩越好，稍微老点，纤维就有点咬不动了。

农残风险

益母草生产上主要病虫害有菌核病、白粉病、病毒病、蚜虫和地老虎等，一般发生不会太严重，甚少使用农药，农残超标风险低。

烹调食用

益母草味苦辛、凉、活血、祛瘀、调经，传统上做中药的有效成分是益母草素，有兴奋动物子宫的作用，用于治疗月经不调和产后血晕等。蔬菜用益母草除用于广式火锅蔬用、煎炒鸡蛋外，绝大多数用上汤做法，如粉肠汤、排骨汤、肉碎汤益母草，要注意挑选嫩的白花益母草、入汤后菜熟即起菜，避免过火，这样汤鲜、菜脆嫩又有益母草特殊的清香，近年来潮州菜流行，这个上汤益母草也有走向全国的势头。此外，新近又广泛流行益母草有降血脂功效的说法，更是使得益母草受到消费者追捧。

名副其实

《诗经·国风·中谷有蓷》云："中谷有蓷，暵其干矣。有女仳离，嘅其叹矣。嘅其叹矣，遇人之艰难矣……"。诗中的蓷，就是益母草，大意是"山坡上长满了益母草，可如今却枝枯叶黄了，痛苦无助离家出走的女子，长吁短叹自哭自泣的女子啊，都是因为丈夫太艰难太无用了"。

因为丈夫的艰难无用就离家出走，这种长期以来不被传统道德鼓励的行动，在中国最古老的诗歌里竟然被描写得如此凄美动人，两三千年后世界上的女权运动者，都应该是这首诗的知音。

益母草被国人当做妇科良药，英文也称益母草Motherwort。看来，不仅中文益母，英文也益母，不仅肉体上有助兴奋子宫益母，精神上也鼓励女权益母，名副其实啊。

17. 香椿

香椿英文称Chinese toon，是楝科楝属中以嫩茎叶供食的栽培种，多年生落叶乔木，起源我国，宋代《本草图经》有“椿木实，而叶香，可啖”的记载，我国是世界上唯一食用香椿的国家，尤其是长江流域以北地区的春天，香椿更是颇为知名的佳蔬。

品种类型

根据香椿初出的芽苞和嫩叶颜色分为紫香椿和绿香椿，前者芽苞紫褐色，幼芽绛红色，有光泽，香味浓，纤维少，含油多，品质好，主要品种有红油椿和黑油椿，后者幼芽青灰色，光泽差，香味淡，纤维多，含油少，品质较差，品种有青油椿等，抗冻品种香椿大都是绿油椿。

农残风险

人工栽培香椿主要病虫害有锈病和白粉病等，农药残留风险小。

烹调食用

香椿具有芳香味，富含黄酮类物质，有增强性功能的特别营养价值，是春天人们喜爱的佳蔬。香椿可炒食、凉拌、油炸、干制和腌制等。毫无疑问，炒鸡蛋是香椿的第一选择。

文化杂谈

认　真

有一年春节刚过不久，在北京一个五星级酒店吃饭，写菜时看见菜单有“香椿摊鸡蛋”（菜单英文写道：Chinese toon fry with egg），想起这在广东不太常见，又逢当季，便点了一盘，及至上菜时一看，一大碟摊鸡蛋中只有可怜巴巴的一两片香椿叶，原本想在早春季节尝尝新鲜香椿这种春天味道的我不高兴了，请来餐厅经理，与他理论了一番。

也许这季节香椿的价格远远高于鸡蛋，但是餐馆可以提高菜价，也不能一大碟摊鸡蛋上只有可怜巴巴的一两片香椿叶，何况你菜单上写着香椿摊鸡蛋，又不是鸡蛋摊香椿，英文的表述更是这样，世界惯例永远都是with后面的是配角，前面的应该是主要食材啊，咱们这儿可是五星级酒店！餐厅经理听完立马表示抱歉，说重新再摊一碟，并感谢我对菜单写法的建议。

我也说抱歉，也许是我太认真了。

18. 芦笋

芦笋英文称Asparagus，是百合科天门冬属中能形成嫩茎供食用的多年生草本。芦笋又称石刁柏、龙须菜，耐寒耐热，适宜生产地域广泛，是世界性知名蔬菜，原产地中海地区，人类已经有超过2500年的栽培历史，清朝末期传入我国，但一直到20世纪70年代后因为生产芦笋罐头出口的需要，生产面积才迅速扩大。近年来由于人们生活水平提高，芦笋也在我国广受欢迎。

品种类型

我国栽培生产的芦笋品种，大都来自欧美日，一般按抽出嫩茎早晚分为早、中、晚三类。芦笋一般浅绿色，采用培土栽培还可生产白化芦笋，在欧美日等地，还有紫色芦笋、黄色芦笋新品种。

农残风险

芦笋主要病虫害有茎枯病、锈病、地老虎和斜纹夜蛾等，一般说来，芦笋的农残风险小。

芦笋营养丰富，尤其是含有较多的天门冬酰胺、天门冬氨酸和其他甾体皂甙类物质，对心血管病、水肿、膀胱炎和白血病有辅助疗效。芦笋一般炒食，也可与牛肉、虾等同炒。介绍一款欧式清水芦笋：取芦笋幼嫩部分整条用清水煮熟，捞出入冰水中激凉后取出在菜盘上摆放整齐，用蒜头、盐、橄榄油和奶酪在搅拌机中打成浓浆做调料置芦笋旁边，用手取芦笋点调料食用。

饱暖思芦笋

芦笋不仅美味营养丰富，高纤维高钾低钠低热量，深受现代消费者喜爱，而且近年来发现芦笋含有硫麸素和组织蛋白等天然抗癌抗氧化物质，对抵抗癌细胞的繁殖、增强正常细胞的繁殖有莫大的好处，实验证明食用芦笋可有效地配合癌症的化、放疗。因此近年来我国食用芦笋之风日盛。

芦笋曾经是古代地中海地区人们喜爱的蔬菜，但是在中世纪欧洲人由于禁欲反而不大吃芦笋。中东的回教主教Sheikh Nafzawi每天吃一盘芦笋炒鸡蛋，认为壮阳有助于性事，法国路易十四也深好此道，在凡尔赛宫种而食之，现代欧美人们还热衷于在吃芦笋时用手取芦笋蘸上融化的奶酪等调料（见烹调介绍），认为这样可与性事联想，有助于此道。在我国，据说对芦笋的类似种也有“服之，御八十妾”的记载。

芦笋自清朝末期时便传入我国，那时我国国民正处于水深火热之中，芦笋在中国从一开始便似乎不太受欢迎，一直到20世纪80年代后，国民开始过上温饱的日子，芦笋才得到国民的广泛认可。因此我们似乎可以套用“饱暖思淫欲”的俗语，说饱暖思芦笋。

还有一个不雅的话题。100年前欧洲人发现食用芦笋后尿液会有恶臭，而且达到立竿见影的程度，大约食用芦笋30分钟后一般人的尿液就会变得有恶臭。1975年美国《科学》杂志报道原因是芦笋中的甲基硫代脂所导致，1980年《英国医学期刊》则报道原因是其他含硫化合物。不管如何，恶臭的程度因人而异，但是对人体健康未见不良报道。

19. 芹菜

芹菜英文称Celery，是伞型科芹属中形成嫩茎叶供食用的二年生草本，起源于欧洲，是世界性蔬菜。民间说法中国芹菜（又称唐芹）原产中国不对，中国芹菜原产是欧亚交界的高加索地区，至于西芹传入我国只有几十年。

品种类型

根据芹菜叶柄分为中国芹和西芹。中国芹叶柄细长，根据叶柄颜色又分青芹和白芹，青芹的植株和叶柄较粗，绿色，叶柄有空心和实心两类，实心的品质较好，青芹多见于北方，白芹的植株和叶柄较细，黄色或白色，叶片较小，淡绿色，品质好，白芹多见于南方。西芹叶柄粗大宽扁，多实心，味淡，脆嫩，产量高。

农残风险

芹菜重要病虫害有斑枯病、斑点病、凤蝶和蚜虫，一般农药残留风险小。

烹调食用

芹菜营养丰富，含有芹菜油，具芳香气味，一般做辛香菜蔬用。芹菜还含有芹菜甙元，对高血压有辅助疗效，尤其是原发性高血压，降血压以中国芹效果较好。芹菜可炒食、生食或腌制，宜荤宜素。中国芹除了凉拌外，一般多与鱼肉荤素搭配烹调，如潮州菜芹菜蒜（青蒜）半煎煮鱼就非常出名；西芹素炒可与百合、或腰果、松子等果仁搭配，近年来贝壳类海鲜如带子等混炒西芹也很流行。

文化杂谈

食芹思魏征

芹菜含有挥发性芹菜油，风味独特，在潮州牛肉丸、鱼丸等清汤，或者汤面、汤粉等将芹菜碎乘热置汤上，可使汤活色生香，芹菜碎潮州话和台湾话都称芹菜

珠。在江浙一带，芹菜最常见的做法是醋芹，或者叫拌芹菜，做法大致是选择白芹菜梗，切寸来长段，用滚水烫熟过冷水后晾干，加入豆腐干丝、油泡虾米、酱油、醋和芝麻油，拌匀，色香味俱全，爽口开胃，长期以来广受欢迎。

据说唐朝郑国公魏征生活颇为淡恬，唐太宗一日问人："此羊鼻公不知遗何好而能动其情"，回答："魏征好醋芹"。于是唐太宗就下旨赐宴，特设醋芹三杯，魏征见了果然迫不及待，很快三杯醋芹就吃完了。唐太宗笑着对魏征说："卿谓无所好，今朕见之矣！"

作为唐朝的一代名臣，魏征不仅政治上提出"兼听则明，偏听则暗""居安思危，戒奢以检""任贤受谏"等正确主张，生活上更是淡薄寡欲。但是魏征对醋芹的热爱，几乎到了如痴如醉的地步。

善待自己正当而不奢侈的嗜好，充分享受生活中的乐趣，先贤如此，我辈大可效而法之。

西芹风流论

食用者未必觉察，有经验的厨师肯定了解，那就是西芹咸，炒食时只要放一点点盐巴，咸味已经很浓了。西芹原产沼泽地，按中医讲究是通淋去湿，所以说西芹咸而不湿。咸湿者，粤语谓下流也。

香港有男星留情留种，媒体大煲特煲，说到处留情是风流，到处留精是下流。前者颇似西芹，咸而不湿。

有趣的是芹菜的咸味是草酸盐带来的，芹菜富含草酸，多吃容易引起草酸钙沉积，肾结石病人慎吃太多，否则病情加重损坏肾，则任你风流下流，也就只能套用《红楼梦》的术语"意淫"或者时髦术语"cybersex"（虚拟性爱）了。

20. 芫荽

芫荽是伞形花科芫荽属中以叶和嫩茎为菜肴调料的一年生草本栽培种，英文称Coriander，别名香菜、香荽或胡荽，芫荽原产中亚，人类食用历史悠久，埃及博物馆藏有6000年前的芫荽种子，汉代时由张骞引入中国，是世界性调味蔬菜。

品种类型

芫荽按种子大小分为大小粒型，中国栽培的多为小粒种芫荽。

农残风险

芫荽生产上一般很少使用农药防治病虫害，农药残留风险小。

烹调食用

芫荽含有伞形科植物香味，芫荽有健胃、透疹功能。一般做调味料或装饰拼盘，芫荽与羊肉几乎是绝配，近年来也有与其他蔬菜搭配做生吃凉拌菜。值得一提的是芫荽的主根比较粗大，而且香味更加浓郁纯正，芫荽的主根洗净捣碎后用来调味羊肉，更是一流。

文化杂谈

芫荽情歌

读岭南文学史，无意间读到一首芫荽情歌，是广东省早在清朝就流行的歌颂青年男女爱情民歌，据说有曲调优美、婉转缠绵和回环吞吐的风格，歌词唱出了对爱情热切的追求：

“芫荽花开满园香，兄当无亩（妻）妹无安（夫）。兄当无亩单身睡，妹当无安守空房。芫荽花开满园青，妹当生好兼后生。顺水人情何唔做，唔比春草年年生。”

21. 西芫荽

西芫荽是伞形花科欧芹属中以食用嫩叶为主的一二年生草本栽培种，英文称Parsley，别名香芹菜、荷兰芹，原产于地中海地区，在欧美比较流行。

品种类型

西芫荽一般分为光叶和皱叶两个类型。

农残风险

西芫荽生产上一般很少使用农药防治病虫害，农药残留风险小。

烹调食用

欧洲人以前把西芫荽多做药用，后做生食、做汤或菜肴装饰品，我国多用于做菜肴装饰品。

文化杂谈

西芫荽情歌

20世纪70年代，美国电影《毕业生》中有一首插曲“Scarborough fair”，中文有人翻译“斯域情歌”，也有人翻译“斯卡布罗集市”，抄录一段如下：

“Are you going to Scarborough fair? Parsley，sage，rosemarry and thyme. Remember me to one who lives there. She once was a true love of mine.”

歌词大意是：“你要去斯卡布罗集市吗？西芫荽、鼠尾草、迷迭香和百里香，代我向那的一位姑娘问好，她曾经是我的真爱”。这首歌曲朴实的歌词，民谣的旋律，轻诉低吟的唱法，原来美式爱情也可以这样表达！甚至比上述清朝民歌来得更加纯真美丽，难怪不论是嬉皮士流行的时候，还是学生运动如火如荼之际，这首歌在美国一直是校园的宠儿，就是在中国，四十年来大学校园的学子们还常常挂在嘴边，这个跨越时代和国界的因由，就是永恒的对青春的赞美！

与芫荽一样，歌词中西芫荽、鼠尾草、迷迭香和百里香是欧美常见的调味蔬菜。

真是不同的芫荽，一样的青春情愫。

22. 菊花脑

菊花脑英文称Vegetable chrysanthemum，是菊科菊属中以嫩茎叶供食用的多年生宿根性草本栽培种，原产中国，长江流域一带现在还有野生种，与野菊十分相似，野菊做蔬用品质差，采食野生种时很难区分。

品种类型

菊花脑分大叶种和小叶种两类，一般说来，以大叶种品质好些。

农残风险

菊花脑生产上一般很少使用农药防治病虫害，农药残留风险小。

烹调食用

菊花脑一般可炒食或做汤，具有菊花香气，有清凉醒脑、清肝明目的作用。菊花脑在盐水中焯熟，过冷水后挤干水，与香油、盐、糖、蒜泥、醋等凉拌，用来送白酒，也是别有一番滋味在心头啊，尤其是在用菊花去扫墓的清明时节。

文化杂谈

花语之菊

屈原《离骚》云："朝饮木兰之坠露兮，夕餐秋菊之落英"，也许是中国食用菊花最早的文献。食用菊花的风俗，以广东省中山县的小榄为最盛，比如小榄的菊花饼、菊花肉丸等非常出名，广东顺德还有名菜菊花蛇羹。至于食用嫩苗，文献记录就非常丰富了，比如林洪的《山家清供》说："春采苗叶洗焯，用油略炒熟，下姜盐做羹，可清心明目"，等等。

苏东坡在《后杞菊赋》说："吾方以杞为粮，以菊为糗。春食苗，夏食叶，秋食花实

而冬食根，庶几乎西河南阳之寿”，可见苏东坡是苗、茎叶、花和根都吃，菊之于苏东坡，可谓是鞠躬尽瘁了。这应了《埤雅》所记载“菊本做鞠，以鞠躬也，花事至此而穷尽也”。

我想，这也许是菊花的花语之意义所在吧，难怪菊花常常做祭奠之用。

23．薄荷

薄荷英文称Mint，是唇形科薄荷属中以嫩茎叶供食用的宿根性草本栽培种，原产北温带，欧、美、日和我国均有栽培，一般做调味香草用。

品种类型

薄荷有短花梗和长花梗两种类型，我国栽培的多是短花梗，长花梗多见于美国。

农残风险

薄荷主要病虫害有锈病和地老虎，生产上使用农药少，农残风险小。

烹调食用

薄荷含有薄荷油，中医认为有发汗、驱风、清暑和杀菌作用，一般用于牙膏、香皂或口香糖等添加剂。作为蔬菜，薄荷一般做调味香草，或者菜肴装饰用，西南地区切碎炒蛋也颇为流行。介绍一个特例：吃酸菜鱼火锅时，当你饭饱酒足之际，在滚烫的火锅中投入一小把薄荷嫩茎叶，马上捞出连鱼汤带薄荷吃上小半碗，即刻清爽许多，地道的贵州乌江鱼餐馆，大都提供薄荷。

文化杂谈

花语之薄荷

据说，冥王哈迪斯爱上了第三者——美丽的精灵曼茜（Menthe），被冥王的妻子佩瑟芬妮发现了，妒忌的王后为了使冥王忘记曼茜，便使用法力把曼茜变成路边任人踩踏的小草，但是内心坚强善良的曼茜变成小草后，却散发出令人愉快舒服的、沁人心肺的芳香，而且越是被踩踏，香味就越是浓郁，越是讨人喜欢，后来，人们就管这种小草叫薄荷（Mentha，薄荷属的西文）。

于是，薄荷的花语就代表“希望和你重逢”或者“再爱我一次”。

24. 马齿苋

马齿苋是马齿苋科马齿苋属中的野生种，一年生草本植物，别名长命菜、五行菜、马蛇子菜、瓜子菜和老鼠耳等，英文称Purslane。马齿苋分布在温热带，我国的分布也比较广泛，主要生长在向阳的路边或田间杂草处，各地均有采摘做野菜的习惯，近年来也有些地方人工栽培马齿苋作蔬菜。

品种类型

马齿苋属植物众多，平常讲的马齿苋是一个种，各地各种生长环境下马齿苋的外观有所不同，此外马齿苋属内有几个种外观接近，野外采集马齿苋时一是不要采集公路边的马齿苋，防止受汽车尾气等污染，二是不要采集一些看上去类似的种类。

农残风险

一般说来野生的马齿苋没有农残风险，人工栽培的马齿苋一般除了白粉病外很少病虫害，因此风险也低，倒是一些在田间作物中采集马齿苋的要注意作物使用农药的情况。

烹调食用

中医讲究马齿苋有清热解毒、散血消肿和利尿的功效，民间还有很多偏方，用马齿苋治疗痈肿、除虫、腹泻和出血症等。作为野菜，马齿苋民间做汤、凉拌和炒

食都有，炒食一般多与蒜蓉混炒，此外，一些地区（如长江口地区）民间有将新鲜马齿苋盐渍后晒干加工的干咸菜，用来炖肉或者做包子馅料，也有独特的口感和味道，尤其是包子。

泼冷水

蔬菜的硝酸盐含量，受蔬菜种类、栽培措施、土壤环境、蔬菜生长期、蔬菜植株的部位等等诸多因素的影响，因此，对蔬菜硝酸盐含量的测定结果往往有出入，不管如何，现有文献中记载马齿苋的硝酸盐含量在蔬菜中一般说来是比较高的，有几个调查显示是最高的。过多硝酸盐的摄入将在体内转化为亚硝酸盐，使体内血液中铁离子转化为三价铁，使血液丧失携氧功能，甚至国内有过黄牛食用过多马齿苋因硝酸盐中毒而死的报道。此外，蔬菜在腌制过程中，硝酸盐含量一般都会急剧上升，到一个高峰后下降，然后稳定在一个水平，这是一个普遍的规律。因此喜爱马齿苋的人，尤其喜爱盐渍马齿苋干菜的，要注意这个问题，特别是腌制不久的马齿苋干菜，要避免大量食用，尤其是婴儿童、老者和肺功能不好的人，更是如此。

马齿苋富含钾，钾的摄入有助情绪高涨，但是关于马齿苋的硝酸盐担忧也给嗜好马齿苋者，泼泼冷水。

25．珍珠菜

珍珠菜是以幼嫩茎叶为产品的报春花科珍珠菜属中做人工栽培的野生种，别名红根草、狼尾花、珍珠花菜、田螺菜、扯根菜等，潮州人称呼真珠花菜，英文用拉丁文属名称呼Lysimachia。珍珠菜广泛分布于我国和东南亚一带，东南亚和广东潮州地区的食用历史较长，近年来国内许多地区纷纷掀起了食用热潮，一些研究者也对其食疗功能进行了多方面的探讨。

品种类型

珍珠菜属是个大属，做蔬菜用的亚种珍珠菜的类似种很多，通常以花的长短和形状称呼如短花珍珠菜等，或者以叶片形状称呼如阔叶珍珠菜等，也有以产地称呼的如贵州珍珠菜等，由于类似种众多，我们又对其人类食用历史不甚明了，因此不建议一知半解的人到野外自行采集食用。

农残风险

人工栽培珍珠菜，一般只是在高温干旱时有蚜虫、叶部真菌病害发生，大多数情况下不需使用农药防治，因此，珍珠菜的农残超标风险极低。

烹调食用

珍珠菜味辛、微苦性平，有活血调经、利湿消肿功能，广东潮州民间广泛用于妇女经痛和小儿疳积的辅助食疗。珍珠菜具有特殊清香味，一般用于煎蛋、汤菜烹调为多，或者上汤，炒食的比较少见，香煎珍珠菜蛋饼、猪肝珍珠菜汤是潮州烹调珍珠菜最常见的方法。

两个根据

珍珠菜是最具有潮州特色的野菜，潮州人对珍珠菜的热爱几乎到了迷信的地步。首先是食用时间，潮州家庭一般在清明至端午期间食用最多，似乎没有吃过珍珠菜就以为端午节还没有过，甚至讲究只是在中午以前的早晨食用；其次是食用方法，要么与猪肝煮汤，要么煎蛋或煮蛋花汤，而且是只要青皮鸭蛋；最后是对食疗作用的追求，要么治疗小孩疳积，要么预防妇女痛经。近年来随着珍珠菜在国内的广泛推广，各地对珍珠菜的烹调方法有了许多创新，但是对食疗作用却有些夸大的说法，比如对贫血、白带异常、不孕、跌打损伤甚至说有抗癌作用等，众说纷纭，似乎珍珠菜成了仙草。

珍珠菜茎叶的营养价值，现有的根据是钾（每100克鲜茎叶含钾700多毫克）和

黄酮类物质（至少有十几种黄酮类物质）含量比较丰富，后者印证了珍珠菜是妇科良药的民间传说，而对于前者，则是要向潮州人学习，用珍珠菜瘦肉汤当早餐，也许才能更好体会，因为早餐中高钾含量食物可以活跃情绪，愉快地开始新的美好一天。

26. 甜玉米

甜玉米是禾本科玉米属中的一个栽培亚种，以未成熟的果穗胚乳甜质子粒或幼嫩果穗为产品供蔬用的一年生草本植物，别名菜玉米。玉米原产墨西哥一带，人类生产食用玉米的历史悠久，据估计最少有8000年，大约500年前我国开始有文献记载玉米。100年前美国培养出甜玉米，60年前中国科学家也培育出甜玉米，现在我国各地均有甜玉米栽培生产。

品种类型

蔬用甜玉米包括两大类，粒用和笋用，前者品种丰富，包括国产品种和进口品种，以采收初步成熟的果穗供蔬用，蔬用时大多脱粒供食，种子以黄色为主，后者以进口品种为主，采收幼嫩果穗供蔬用，果穗黄色，国人称玉米笋。因此粒用甜玉米英文称Sweet corn，而玉米笋称Baby corn。

农残风险

生产上甜玉米的病虫害很多，如大小斑病、茎腐病、黏虫、玉米螟、地老虎、蛴螬和红蜘蛛等，生产上经常需要使用农药防治，但是一般说来农残超标风险小。

烹调食用

甜玉米营养丰富，尤其是赖氨酸含量和微量元素，不论是粒用还是穗用，甜玉米都爽嫩清甜，深受民众喜爱。粒用甜玉米可凉拌、炒食，尤其是做炒饭的配料，没有脱粒的甜玉米穗是广东人煲汤的常用选材，通常与骨头和胡萝卜一起煲汤；玉米笋则可凉拌、炒食、煮食甚至炖菜，玉米笋鲜用不足时常常用罐头玉米笋，尤其在国外更是这样。

两本好书

关于玉米，有两本好书，确实值得说说。

一是危地马拉作家阿斯图里亚斯的小说《玉米人》。这是一本魔幻现实主义的经典，小说几乎没有主线、没有传统的情节，在雅玛人传统文化背景下展开了夹缝中种玉米的农民画卷，这个夹缝存在于神话与现实之间、印第安人与白人的种族之间、传统南美宗教与天主或基督教之间、殖民统治与民主体制之间、甚至是不同动物的味道之间。《玉米人》的文学成就让作者获得了1967年的诺贝尔文学奖，可以说没有《玉米人》就没有后来的南美文学的另一个标志《百年孤独》。1986年《玉米人》在我国首出中文版，由刘习良先生翻译，对这本书我的阅读经验是第一心境要平静、第二阅读不要求快。每读完一章节，不需要太高深的知识，只要闭目养神，就可以神游魔幻与现实之间的中美洲，甚至年轻时我读这小说的时候几乎都有想学习西班牙语的冲动。

二是墨西哥人类学家瓦尔曼1988年的专著《玉米与资本主义》，2005年出的中文版。作者将玉米作为作物的发展历史与社会发展历史紧密结合，视野广阔、视角独特。因为玉米作为饲料的换肉能力是大米的150%，玉米生产在全球的兴起为工业革命提供了以蛋白质为核心的物质基础，似乎在美国芝加哥竖起的玉米大厦就是为了表彰玉米在资本主义发展中的丰功伟绩。我国明朝后期已经有一半省份开始了玉米生产，但是发展缓慢，产品也主要用于救荒而不是换肉的畜牧业，这似乎也解说了明朝后期以后中国工业革命，也就是资本主义发展缓慢的原因之一。虽然作为学术专著，但是本书的阅读难度小，只是需要比较广泛的知识。在工业革命进入了信息时代的今天，读读《玉米与资本主义》，思考思考这个背景下的人和自然的关系，也是很有意义的。

27. 枸杞

枸杞英文称Chinese wolfberry，是茄科枸杞属中多年生灌木作为一年生绿叶蔬菜栽培种，即中华枸杞，采收果实的是宁夏枸杞等种。枸杞起源中国，分布在温带和亚热带的东南亚，华南地区广泛栽培做绿叶蔬菜用。

品种类型

蔬菜用枸杞分细叶和大叶两类，前者叶片小些，但叶肉厚，味道浓，品质较好，后者叶片大，但薄，味道淡，产量高。

农残风险

蔬菜用枸杞主要病虫害有蚜虫、介壳虫和地下害虫等，有时候会使用农药防治，一些个体菜农采收嫩枝条时是断断续续进行，因此农药安全间隔期有时把握不准，所以枸杞的农残风险中等偏小。

烹调食用

嫩茎叶枸杞味甘、性清凉，有明目解热作用。枸杞菜一般可汤可菜，也可做凉拌，广东人一般用瘦肉或猪肝做汤，炒食时也大多用上汤做法，口感显得更加柔嫩。

文化杂谈

不是树形

枸杞最早在《诗经》有记载，如《小雅–北山》运：“涉彼北山，言采其杞”，此外《秦风–终南》中“终南何有，有纪有堂”，据考证纪是杞的错假字，也是指枸杞。明朝时李时珍云“枸杞，二树名。此物棘如枸之刺，茎如杞之条，故兼名之。”据说有道书云：“千载枸杞，其形如犬，故得枸名，未审然否？”细考之下，恐怕其形如犬，说的不是植株形状。

在中国西北地区，民间广泛称呼枸杞为狗奶子，枸杞果实形状与狗的奶子确实十分像。英文称呼枸杞为wolfberry，有人猜测由枸杞属拉丁文lycium而来，说此字与lycos（拉丁文狼的词头，Lycos也是著名的搜索引擎）相近，也有狼（wolf）的意思。我觉得，这些推断根据不足，狼的奶子也与枸杞果实形状无异，所以英文称呼枸杞为wolfberry（狼的浆果），就这么直接简单。

有趣的是近30年来随着中药走向世界，国际上称呼枸杞更多的是普通话音译的Gouqi berry，而不是传统上的Wolfberry。

28. 梅

梅是蔷薇科杏属中以采收将近成熟的果实腌制做调料用的多年生木本栽培种，英文与李子等一样称呼Plum，原产我国，朝鲜和日本也有栽培。为了全面理解蔬菜这一概念，本书春夏秋冬四季分别列入了梅、槟榔、橄榄和花椒四种特殊场景下做蔬用的木本植物。

品种类型

果梅一般分为白梅、青梅和花梅，收获期分别为早、中、迟，果实成熟时分别为绿白色、青色和间红色，腌制或做果脯用时品质以花梅为较好，泡制梅酒用白梅和青梅质量也不错。

农残风险

梅子生长中主要病虫害有卷叶病、黄化病、炭疽病、蚜虫和介壳虫等，一般说来，梅子的农残风险小。

烹调食用

梅子味酸，性平，归肺、肝、胃和大肠经，有敛肺止咳、生津止渴和涩肠止泻

等功效。对于盐梅，全国性多数是用于制作酸梅汤饮料，在闽粤交界地区，人们几乎每家用于做菜时调料，以前经济条件比较差时，小菜也缺乏，人们还用盐梅配送稀饭，久病初愈者常常用盐梅肉剁瘦肉碎做肉汤食用，调补身体。近年来潮州菜流行，用盐梅烹调（或蒸或煮）的白鳝、乌头鱼、排骨等菜肴也跟着流行。介绍盐梅的腌制方法：取花梅梅子（以即将完全成熟的梅子为佳）洗净，置太阳底下晒至果皮开始皱时收入陶瓮中，按梅子和食盐重量比例为100：（6～10），混匀，甚至直接将食盐置瓮中梅子上，盖严实瓮口，大约20天后，即成盐梅。

梅子和樱花

梅是最具有中国特色的花果，《诗经》最少有数处唱到梅，画梅的美术作品、咏梅的文学作品、赏梅花的民俗活动，不胜枚举，无一不带有浓郁的中国特色，以至于很多人倡议梅花为国花。但是，除了制作零食的话梅等果脯外，梅子本身的经济价值在中国却得不到充分的利用，尤其在饮食上，倒是日本人从中国引进梅后，用盐梅烹调海鲜，尤其是用青梅泡制梅酒，更是享誉国际。

日前，韩国人提出樱花原产于韩国，引起日本不满，连中国樱花协会也出来说日韩都没资格，樱花原产中国喜马拉雅山脉。其实口水仗大可不必打，你把东西做到极致，提起这东西，人们自然就会想到你。日本对樱花、梅子的利用，不就说明了一切吗？

顺便提一句，有意思的是日本人用盐制樱花和盐梅混合，制作成樱花盐梅，做零食，也可以泡水做饮料，不会是巧合吧？

美在酸咸之外

《尚书》云：“若作和羹，尔惟盐梅”，《礼记》载：“梅诸卵盐”。3000多年前，我们的先人就用盐梅来烹调食物，并用于祭祀。以至于一些文人常常将盐梅之味比做艺术作品的韵味，比如苏东坡在《书黄子思诗集后》中说：“唐末司空图，崎岖兵乱之间，而诗文高雅，犹有承平之遗风。其论诗曰：‘梅止于酸，盐止于咸。饮食不可无盐梅，而其美常在酸、咸之外。’”唐代文学家韩愈在品尝了广东潮州菜后写道：“我来御魑魅，自宜味南烹。调以咸与酸，芼以椒与橙。”由于中原战乱，带着中原民间文化传统，流落到中国东南的福建和广东一带的人们，在面对着再东再南就是滔滔大海的东南一隅，反而保留了食用盐梅的风俗，甚至潮州人传统上称佐餐的菜肴为“咸酸”，著名的潮州菜明炉乌头鱼，做法大致是热油，爆香姜片，放入宰杀干净的乌头鱼，两面煎微黄，加入料酒、水、姜和盐梅煮熟，放入葱段，连汤带鱼，明炉上菜，其鲜美，确实在酸、咸之外。

第三章

29. 姜

姜是姜科姜属能形成地下肉质根茎的栽培种，多年生草本植物作一年生栽培，古名姜，别名生姜和黄姜，英文称Ginger。姜起源于印度、中国和东南亚热带地区，《史记》记载过种一千畦姜，子利与千户侯等同，《齐民要术》和《农政全书》均对姜的种植农技有过记载，但是前者说孕妇禁食姜怕生出多指婴儿来是胡说八道。约2000年前传入地中海，阿拉伯人原本对香料的追求就强烈，一度甚至把姜当做催情药物，因此姜传入时曾经引起阿拉伯地区香料领域的一场革命，1700年前传入日本，1000年前传入英国，500年前传入美洲，大约在明代，中国北方地区也广泛栽培。中国的姜主要栽培区，传统上以广东、浙江和山东等地为主，近年来山东的姜生产在国内占了较大 份额。

品种类型

根据姜的植株形态和习性分为疏苗型姜和密苗型姜，前者植株高大茎秆粗，分枝少，根茎节少，姜块肥大且单层排列，如山东莱芜大姜和广东疏轮大肉姜；后者姜的长势中等，分枝多，根茎节多而密，姜球数多，双层或多层排列，品种多，各地都有知名的密苗型生姜品种，如山东莱芜片姜、广东密轮细肉姜、浙江红爪姜和黄爪姜、安徽铜陵白姜、湖北来风生姜、贵州遵义大白姜、广西玉林圆肉姜、福建红芽姜以及四川软化栽培的竹根姜等等。《吕氏春秋》说和之美者，杨樸之姜，杨樸在四川西部，说明四川西部古代有好的生姜品种，我个人的偏好是喜欢广东的密轮细肉姜，尤其是从化生产的，姜香味足，姜肉结实又细腻，粗纤维少，缺点是姜块的块头不大，切起姜丝来费神。

农残风险

生产上姜的主要病虫害以细菌性腐烂病为甚，此外还有一些真菌病害和地下害虫等，一般说来姜的农残风险低，倒是市场上出售姜的菜贩为了追求姜的卖相和防止腐烂，使用一些化学药品清洗浸泡姜块，值得注意。

烹调食用

我国民谚说冬吃萝卜夏吃姜。姜富含姜辣素，姜辣素是由酚、酮、烯和醇类物质组成，具特殊香辣味，中医讲究姜有健胃、发汗和驱寒邪功能，因此刘伯温在《蔬菜略》中说，姜者，强也。姜除了做香辛调料，也可加工姜干、姜粉、姜汁、姜酒、糖渍、酱渍等多种食品。3000多年来我国民众用姜调味猪牛羊、鱼虾蟹、山货野味，各地有各地的习惯，各地姜菜也有各自风采。

姜有佛心

俗话说，姜是老的辣。其实老姜有老姜的特点，嫩姜有嫩姜的用处。老姜多用于取其辛辣味，如姜汤、炖菜配料等，一般姜块就不直接食用，但是广东人吃姜葱炒花蟹，如果姜不老，则蟹我之所欲，姜片也我之所欲，而姜为熊掌蟹为鱼也。

我国传统文化主流儒家和佛教，均对姜推崇有加，前者有孔子“不撤姜食，不多食”（《论语·乡党》）之说，后者则因将能解腥祛荤而被誉为菜中佛士。众所周知素食在我国是佛教徒的要求，所谓“酒肉穿肠过，我佛心中留”之说，因为有姜除荤腥，人们也就一笑而过，善意待之，蒜韭等香辛蔬菜在虔诚的佛教徒中当做荤食，而姜不是荤菜，因姜有佛心。《红楼梦》中林黛玉受窘脸红之际，薛宝钗说：“大热天的，谁吃了生姜来着？”善良、有心计如宝钗者，以生姜为话题为林黛玉打了圆场，显得厚道，具有佛意。

姜有佛心，人具佛意，世界多美好。

酱　紫

种植姜时，种姜种植后发芽形成主茎，主茎基部膨大形成初生根茎，称姜母，姜母两侧腋芽长出2～4个新苗，称子姜，子姜上侧芽长出第二次分枝，基部又形成姜球，称孙姜，如此继续，每株可多达20多个姜球形成。收获姜时挖出来的种姜称老姜母，是中药姜的佳品。

民间称呼嫩一点的姜为子姜、紫姜，甚至潮州人称呼稚姜。因此称呼子姜的也会有错的时候，因为可能是孙姜或曾孙姜。潘岳《闲居赋》说："菜则葱韭蒜芋，青笋紫姜。"张衡《南都赋》说："苏蔱紫姜，拂彻膻腥。"《正字通》说："因其新芽曰子姜，或因其初生如列指状尖，色微紫曰紫姜。"《农书》说："秋社前新芽顿长，分采之，即紫姜，芽色微紫，故名。"因此，《群芳谱》说子姜之名是与母姜相对而论，紫姜则是因色而名。关于这个，历代诗歌倒是不少，如柳宗元的"世上悠悠不识真，姜芽尽是捧心人"、白居易的"青芥除黄叶，红姜带紫芽"和刘屏山的"恰似匀妆指，柔尖带浅红"等等。

不管如何，紫姜由于柔嫩粗纤维少，又不至于太辣，因此颇得消费者喜爱。潮州人将紫姜切片，阳光下晒至姜片发软，浸入豆瓣酱（如普宁豆瓣酱）中，几天后即可食用，可做开胃小菜，也可用来送粥，非常开胃诱人，用来煮鱼，更是潮州菜一绝，潮州人称豆酱姜，不难，外地的城市人也可自己制作。

这就很有趣了。酱紫（这样子），是新近流行的网络语言，豆酱紫姜，酱紫啊，哈哈。

此外，日本菜酱姜，有一种是采用通过水肥技术生产超级松脆的新鲜子姜来做酱菜，清香、特别松脆，口感非常好，几乎入口即化，以至于有餐馆起名处女姜。

30．蚕豆

豆类蔬菜（vegetable legumes）是指豆科中以嫩豆荚或豆仁作蔬菜食用的栽培种，有九属十余种，包括菜豆属的菜豆、豇豆属的豇豆、大豆属的蔬用大豆、豌豆属的豌豆、野豌豆属的蚕豆、刀豆属的刀豆、扁豆属的扁豆、四棱豆属的四棱豆和黎豆属的黎豆等。人类食用豆类蔬菜最少已经有6000年历史，一般说来，豆类蔬菜蛋白质含量相对较高，豆类蔬菜喜温暖不耐寒。

蚕豆是野豌豆属中结荚果的栽培种，一二年生草本，别名胡豆、罗汉豆和佛豆，英文称Broad bean。蚕豆可能起源于西部亚洲到北部非洲一带，关于其起源和传播路径比较混乱。

品种类型

按豆粒大小蚕豆分三个变种：大粒种种子长、宽和扁，品质较好，可作蔬菜用，品种如大青扁。中粒种种子扁椭圆形，一般用于制作豆瓣酱，品种如香珠豆。小粒种种子短小，一般用于做饲料或绿肥，品种如小粒青。

农残风险

蚕豆生产上主要病虫害后赤色斑点病、根腐病、蚕豆蟓和蚜虫等，一般说来，产品农药残留风险小。

烹调食用

蚕豆味甘性平，中医讲究能健脾利湿。在华东地区，民俗有立夏吃蚕豆的习惯，吃法有韭菜炒蚕豆、葱碎蚕豆、酸菜炒蚕豆、蚕豆焖饭等等，这些做法的蚕豆大都是新鲜剥开的青嫩蚕豆。在四川，用蚕豆制作的豆瓣酱，尤其是口碑甚好的郫县豆瓣，更是被称为川菜之魂，在外地生活的人们，如果想吃四川菜，用郫县豆瓣烹调回锅肉、麻婆豆腐、烧鱼等家常菜，也是想想就会流口水啊。至于浙江东部的茴香蚕豆，则一般是用干蚕豆制作，配上一壶黄酒，也可以追寻一下鲁迅笔下孔乙己的风韵。值得一提的是少数人群（尤其是男孩）会因为食用蚕豆后得溶血性贫血，一些人食用后会引起腹胀，上述两种情况尤其以食用不够成熟的蚕豆为较容易发生。此外，蚕豆中含有称为多巴（Dopa，一种羟基苯丙氨酸）的毒素，2000年的诺贝尔奖表彰的是科学家发现多巴可以用于治疗帕金森病，喜欢食疗的人不要望文生义，不要轻易用吃蚕豆的方法来食疗帕金森病。

蚕豆串和耳鼻冢

在浙江宁波一带，民俗立夏吃蚕豆的习惯始于明朝。相传戚继光带领将士们英勇抗击来犯倭寇，将士们英勇杀敌，每杀死一个倭寇就用线串一粒蚕豆，做项链状挂于脖子上，戚继光按蚕豆数目对将士论功行赏。后来宁波地区小孩流传了串蚕豆的民俗，宁波地区也称蚕豆为倭豆。

也是发生于明朝的朝鲜抗击倭寇战争，明朝军队也有抗倭援朝“志愿军”，入朝作战。另人发指的是倭寇军队为了统计战绩，杀死朝鲜人或明朝军人后割下鼻子和耳朵当战利品带回日本，虽然此战倭寇战败，但是日本人带回了30多万朝鲜人和3000多明朝军人的耳鼻回国，埋于京都。现在日本京都丰国神社的耳鼻冢还在，每逢清明时节，一些有条件并有良知的南朝鲜人（日本人蔑称下朝鲜人）还会去日本京都丰国神社的耳鼻冢祭拜，令人心酸的是前往祭拜者中鲜见国人，而与此同时去日本赏樱胜地的国内游客如鲫。

蚕豆串和耳鼻冢，中日两个民族的历史记忆啊。

31. 豌豆

豌豆，英文称Vegetable pea，是豆科豌豆属一年生或二年生攀缘草本，别名回回豆、番豆、荷兰豆、麦豆等，嫩豆、嫩豆荚和嫩梢为优质蔬菜，干豆粒又蔬又粮。豌豆起源于非洲北部到中亚一带，现在广泛分布于欧洲和亚洲。我国最迟于汉代引入小粒豌豆，古代称呼戎菽豆、寒豆。

品种类型

从生物学上说，栽培豌豆有三个变种，即粮用豌豆、菜用豌豆和软荚豌豆。按茎的生长习性分蔓生、半蔓生和矮生豌豆。按豆荚分硬荚豌豆和软荚豌豆，前者荚不可食，以青豆粒供食，软荚豌豆又分甜豆和荷兰豆，荷兰豆又分大小荚类型。此外，还有专供采摘嫩梢的豌豆品种，如我国西南地区的白豌豆和无须豆尖，还有国外进口的豆苗品种。

农残风险

豌豆生产上主要病虫害有褐斑病、白粉病和蚜虫等，一般说来，产品农药残留风险小。当然高温干旱天气下夜蛾科害虫也偶然会暴发，需要使用的杀虫剂较多，尤

其是生产豆苗时，但情况较少见。

烹调食用

我国古代文献称豌豆具有祛斑美容功能，原因是现代科技发现豌豆含有比较丰富的维生素A原，因此豌豆类蔬菜广泛受到欢迎。不论是西式青豆或中式豌豆粒、甜豆、荷兰豆和豆苗，都各具特色。

西式青豆除了应季外一般市场上供应的是速冻品，通常用来做沙拉或炒饭，凉拌时常常与蔬菜用玉米粒和胡萝卜粒搭配，青豆、玉米和胡萝卜也常常搭配蛋、虾和腊肉炒饭，颜色搭配也很好看。

中式豌豆，广东客家人称麦豆，潮州人称番豆，客家名菜麦豆煲，用新鲜麦豆、猪粉肠或排骨、酸菜、酸笋，混成一煲，清明时节很是流行，与此类似的排骨（或者粉肠）、潮州咸菜（或者萝卜干）和番豆煲，在潮州地区也很流行，此外端午包粽子，潮州地区人们喜欢用番豆而不是绿豆与糯米搭配。长江流域人们在立夏也有吃糯米豌豆饭的习惯，可甜可咸，一样又糯又香。

荷兰豆一般用于炒食，通常分别与腊肉、腊肠、鲜鱿鱼、带子等混炒，清炒时加入一些蒜青段，也特别合味，近年来粤菜也有荷兰豆与百合混炒的，也很开胃。而甜豆一般与牛肉混炒，牛肉用少许黑胡椒粉调味，风味更佳。当然，传统西餐甜豆也多用于做凉拌。

至于豆尖，广东人称豆苗，是非常优质的叶菜类蔬菜，可汤可菜，不论是上汤还是蒜蓉炒，都一样清香，一样又柔嫩又有菜味。此外，四川等西南地区的豆尖馅馄饨，西南官话叫豆尖抄手，更是值得介绍。

爱国精神

豌豆是清明到立夏时节应季蔬菜，而这时节是传统农夫一年中最饥肠辘辘的时候，田间能收成的东西非常有限，豌豆已经是面黄肌瘦的小孩最为渴望的东西了，小时候的我总是迫不及待地到田间采收豌豆，剥豆粒，用针线穿青豌豆做项链状，乘着母亲煮稀饭的时候投入锅中，一会就熟，捞出粥锅，总是乘热放进口里，母亲总是说不要烫着，然后又讲戚继光抗击倭寇时让士兵用豆粒数统计战绩的故事。

一直到后来，我才知道宁波地区的蚕豆串与汕头地区的豌豆串，都是一样为了纪念戚继光，这位明朝的抗日英雄。

从宁波到汕头，蚕豆串成了豌豆串，但是，串出的却是不变的爱国精神。

儿童食品与儿童不宜

在我国长江流域地区和东南沿海，广泛流行立夏吃豌豆饭的习惯。相传此风俗是三国遗风，说诸葛亮临终交代要善待阿斗，属下们便每年立夏时节给阿斗称体重，负责养阿斗的人在给阿斗称重前总是喂食他爱吃的糯米豌豆饭，以求增加阿斗体重。豌豆饭可甜可咸，一样香糯，儿童们也特别喜欢，于是，风俗就慢慢形成相传下来，立夏称人（多是小孩）的风俗在中国很多地方也保持了下来。

同样是小孩称重，想起一个儿童不宜的段子。说20世纪六七十年代，乡下的孩子营养不良，体重偏轻。应征入伍的小孩体重要求为45千克，村书记的孩子只有44千克多点，于是，书记要小孩体检称重前喝足水希望达标。谁知喝太多水小孩憋不住尿，体检过不了关。小孩回家后书记气愤不过，打了小孩一耳光，口中骂道："狗日的榆木脑袋！就差二两，把那儿弄硬了，也不只二两！"

娃娃菜和游水海鲜

近年来，利用豌豆、萝卜等种子发芽蔬用之风日盛。做法大致是在塑料栽培盘上垫上一层厚纸，撒上密密的一层种子，置暗湿环境中，喷水保湿发芽，至芽长10厘米左右剪下蔬用，时下称娃娃菜，取稚嫩之意也。大城市的饭馆食肆，甚至是超级市场，还常常将一层层的娃娃菜栽培盘摆在架子上，现割现卖。

海鲜池里的生猛海鲜，是港式饮食文化的创举。欧美的海鲜，除了龙虾和蚝等离水可活者，大都食用冰鲜货。日本的刺身，也以冰鲜货为主。一次与一位老渔民一起去海上钓鱼，别人钓到鱼后大都装进水桶里养而活之带回，老渔民则是在鱼背杀上一刀放血，说鱼肉的腥臭味，全因为鱼紧张，鱼紧张时血液会产生腥臭味。后与渔民一起食用即捕即放血的海鲜，比海鲜池里的都鲜美生猛，信然。食肆和市场

上的水族箱里的海鲜，经人们费了九牛二虎之力，折腾来折腾去，到了玻璃缸里，虽然有水养而活之，其惶惶然不可终日状，食之已是不忍，更何况其腥臭味重于即捕即冰者，不知道游水海鲜在国内为什么这么流行。

食肆和市场里栽培盘上的娃娃菜，虽然不会因为在架子上等待杀头而紧张发腥，但是我认为这种做法也属于多余。短时间内割下来保鲜的娃娃菜，其口感和营养价值应该变化不大，大动干戈地连栽培盘、栽培基质和根部不可食的部分一起运来摆卖，实在是既不环保又没有其他好处。

返朴归真的生活态度，是可以从很多细微的地方体现的。

32. 豇豆

豇豆是豆科豇豆属中能形成长形豆荚供食用的一年生缠绕草本栽培种，别名豆角、长豆角、带豆和裙带豆等，英文称Asparagus bean。一般认为豇豆的起源中心有两个，印度到北非一带（尤其是埃塞俄比亚）是第一起源中心，中国是第二起源中心，明朝《本草纲目》说："此豆，红色居多，荚必双生"。豇豆是我国各地广泛栽培的蔬菜，深受国人喜爱。

品种类型

豇豆根据荚果的颜色可分青荚、白荚和红（紫）荚三个类型，每类有许多品种。青荚类型茎蔓、叶片细小，叶色浓绿，荚果细长绿色，嫩荚果肉厚，质地脆嫩，青荚豇豆稍微耐寒不耐热，品种有广东的细叶青和油青豆角等；白荚类型茎蔓、叶片较大，叶色绿色，荚果较肥大白色或浅绿色，嫩荚果质地比较疏松，种子比较容易露出，白荚豇豆稍微耐热不耐寒，品种有广东的金山白和浙江的白豆角等；红荚类型茎蔓、叶片粗壮，叶柄和茎紫红色，荚果粗短红色，嫩荚果质地中等，品种有广东的西园红和长江口地区的紫豇豆等。值得一提的是随着近几十年豇豆品种选育工作的发展，出现了一些比如半青白的中间类型新品种。

农残风险

豇豆的主要病虫害有锈病、根腐病、白绢病、菌核病、煤霉病、豇豆荚螟和白粉虱等，尤其是豇豆荚螟由于幼虫在豆荚中钻心危害，影响蔬菜商品外观和品质，豇豆采收期又长，一些菜农在喷施杀虫剂防治时没有严格执行安全间隔期，因此，豇豆产品农药残留超标的事故时有发生。总体说来，豇豆农残风险中等偏小，农药残留超标一般多发生于产地气温较低的时候。

烹调食用

豇豆荚果肉质肥厚，炒食脆嫩，也可以烫后凉拌，或者腌泡酸豆角，或者晒制豆角干。豇豆是我国广泛食用的蔬菜，各地烹调习惯不尽相同，一般说来，青荚豇豆适合大火爆炒，采用爆炒方式的豆角最好是采收后不久的而且没有泡过水的，否则如果没有炒够火候食用时牙齿咬时会发出令人不快的金属摩擦声音。白荚豇豆适合与如茄子等混煮食，比如广东客家地区的豆角叶煮豆角就很有特色。当然了干煸对青白红豆角都是适合的烹调方法。

豇豆红

清康熙晚年期间，江西景德镇官窑在烧制仿明红釉瓷器时，无意中烧制衍生出一种名贵的高温铜红釉新品种，是铜红釉瓷器中最精妙最名贵的一类，器物大都是器形小于30厘米的文房用品，如笔架、印盒和笔洗等物品，现存器物十分稀少，是国宝级的珍贵文物，这类瓷器就是著名的豇豆红。

康熙豇豆红釉瓷器，颜色艳丽华贵，颜色层次多样，主体色调是红中有紫，紫中有红，变化多端，微妙无穷，据称有“美人醉”“桃花片”“大红袍”和“娃娃脸”等众多称谓，历代文人雅仕评论说“佳处在于淡红中显鲜红色与茶褐色之点背光则显绿色”“豇豆红之所以可贵者，在莹润无比，居若鲜若黯之间，妙在难以形容也”和“绿如春水初生日，红似朝霞欲上时”等等。

其实这种色调用现代语言表述就是紫红色，西文中称呼为桃红色，英语为Peach bloom，只是清朝时期以前中文系统中没有紫红这词，于是便以豇豆红来称呼。

33. 菜豆

菜豆，英文称Kidney bean或Common bean，是豆科菜豆属中一年生缠绕性草本、以嫩荚供蔬用的栽培种，别名四季豆、芸豆和玉豆等。菜豆起源于中南美洲，大约1600年传入亚洲大陆，相传1654年中国隐元禅师归化日本时，把菜豆传入日本，日本人称“隐元豆”。现在菜豆是世界性蔬菜，我国南北各地普遍栽培。菜豆的花芽分化对温度要求严格，高于27℃和低于15℃时不能正常开花结果，因此严格说对华南地区的夏季而言不是应季蔬菜。

品种类型

按食用要求菜豆分荚用和豆粒用两类；按豆荚分硬荚和软荚两类，硬荚类型采收豆粒，软荚类型以采收豆荚为主；按生长习性分蔓生、半蔓生和矮生类型。

农残风险

生产上菜豆主要病虫害有炭疽病、细菌性疫病、锈病、灰霉病、菌核病和豆荚野螟等，一般说来，如果采摘期注意农药安全间隔期，农药残留风险小。

烹调食用

由于菜豆在我国分布广泛，各地都有出名的烹调方法，如干煸、炖、炒丝、炒蛋和炒饭等等，各具特色。菜豆富含蛋白质、高钾、镁、钙、低钠，是心脏病、肾病和高血压患者的理想蔬食。

“唔熟唔食”

菜豆中含有皂甙和红血细胞凝集素，由此引发的食用菜豆而导致人体中毒的事故时有发生，尤其以华南广东地区为甚，以春秋两季为甚。

皂甙广泛存在于植物中，尤其是豆类植物，皂甙化学结构复杂，其水溶液经摇动振荡后会形成大量泡沫，故称皂甙。皂甙会导致消化系统的黏膜出血，发炎，红血细胞凝集素又会导致红血细胞凝集，此外，放置长时间的菜豆又会产生大量的亚硝酸盐，更是加重了上述生理中毒程度，消化系统临床上症状表现为恶心、呕吐、腹痛和腹泻（水样），重症者还伴随呕血，神经系统表现为头晕、头痛、四肢麻木发凉。由于皂甙和血细胞凝集素的检测方法现在还达不到快速准确，中毒后的治疗针对性也不是很强，好在皂甙和红血细胞凝集素的热稳定性很差，一般煮开20分钟后毒性即可消除，因此，安全食用菜豆的有效途径就是彻底煮熟，如东北人的炖菜豆和四川人的干煸菜豆就是十分安全的好方法。广东人之所以食用菜豆中毒的发生频率较高，是因为传统上广东人在烹调蔬菜上的习惯是追求炒出来的蔬菜翠绿脆嫩所致。

“唔熟唔食”，是一句广东话，表示专门找熟悉的人、地点或事下手（通常不会是干什么好事），看来，对于称呼菜豆为玉豆的广东人，食用玉豆时也要“唔熟唔食”才行啊。

34. 四棱豆

四棱豆是豆科四棱豆属中一年生或多年生缠绕草本植物，英文称Winged bean，别名翼豆、杨桃豆，四棱豆嫩荚供蔬用，块根也可食用，种子可供榨油。四棱豆起源于东南亚和热带非洲，是流行于热带地区的特色蔬菜。

品种类型

四棱豆有两个品系，印尼品系为多年生，较晚熟，巴布亚新几内亚品系为一年生，较早熟，产量较低。

农残风险

生产上四棱豆主要病虫害有蚜虫和病毒病，农残风险小。

烹调食用

四棱豆嫩荚含有丰富的纤维素、维生素E、铁、钙、钾、蛋白质和氨基酸，而且氨基酸组成合理，其中赖氨酸含量还高于大豆。因此四棱都被认为是对心脏病、高血压等有辅助疗效。四棱豆嫩荚和嫩叶均可炒食，嫩荚还可盐腌或制作酱菜。比较流行的做法是切丝炒辣椒，或者和潮州橄榄菜混炒。值得一提的是，四棱豆含有蛋白酶和凝血素，不能生吃，可用开水烫熟后用盐水泡3分钟捞出挤干水后炒食。

文化杂谈

贡　献

四棱豆高含量的赖氨酸来自富赖氨酸蛋白质，四棱豆中促进这种蛋白质形成的基因被定位以来的十几年，中国科学家不断努力探索，终于成功引入水稻并得到表达，转入这基因的水稻稻米赖氨酸的含量比转入前可高出数倍，为大米营养价值的提高奠定了坚实的基础。虽然现在转入基因的水稻新品种尚未通过国家审批，但是已经有科学家将高赖氨酸含量水稻作为饲料进行了畜牧业的探索，高赖氨酸含量水稻这一成果将对以普通稻米为主要产品的泛亚太地区展示了令人振奋的前景。

四棱豆的嫩叶、嫩荚、块根和种子都可供人类食用，小小的四棱豆对人类，真是献了全身献基因啊。

35. 扁豆

扁豆是豆科扁豆属中的栽培种，一年生或多年生缠绕藤本植物，英文称Lablab，来自其拉丁属名，在中国，扁豆的别名众多，如蛾眉豆、眉豆、沿篱豆和鹊豆等等。扁豆原产于亚洲印度等地，我国汉代时期就已经传入，是我国广泛分布并且广受欢迎的庭院蔬菜。

品种类型

扁豆的茎蔓生，大致分为长、短蔓两类，但是栽培者的农事活动常常使得其界限不甚分明，其他性状和生理特征界限更是模糊。

农残风险

扁豆栽培中主要虫害是蚜虫，农药残留风险小。

烹调食用

扁豆与其他豆类蔬菜一样，营养丰富，中医讲究，扁豆健脾胃、祛湿、解毒，我国各地对扁豆的烹调方法不一，宜荤宜素，如焖排骨、焖鸭肉、焖面、焖米饭、切丝素炒等等，作为著名的庭院菜蔬，永远是小时候大人的做法记忆最深刻。只是，扁豆也含有皂素等有毒物质，烹调时切记充分煮熟煮透，尤其是在深秋季节。

佚名诗

扁豆自从传入我国后，一直是乡间人家喜欢的庭院蔬菜，因此历代文人歌咏扁豆的诗歌也十分丰富，扁豆诗歌的主题永远是乡土、乡愁、人生春秋等感悟。比如明朝王伯稠诗道："豆花初放晚凉凄，碧叶荫中络纬啼。贪与邻翁棚底语，不知新月照清溪"；清朝郑板桥的对联"一庭春雨瓢儿菜，满架秋风扁豆花"；清朝黄树谷写有《咏扁豆羹》，说"烹调滋味美，渐似在家僧"；清朝查学礼诗"碧水迢迢漾浅沙，几丛修竹野人家。最怜秋满疏篱外，带雨斜开扁豆花"。遗憾的是广为流传的一首却不知是谁所作，成了佚名诗："庭下秋风草欲平，年饥种豆绿成荫。白花青蔓高于屋，夜夜寒虫金石声"。

36. 菜用大豆

菜用大豆是豆科大豆属的栽培种，一年生草本，别名毛豆、枝豆。法语称Soja，美国人称Soy，英文称Soya bean，据说发音都源于大豆中国古名“菽”。大豆蛋白质、维生素等营养丰富，除制作豆腐、发豆芽外，尚未彻底老熟的豆粒还是长江流域人们喜爱的夏季佳蔬。大豆原产中国，我国栽培大豆已经有4000多年历史，2200多年前传入朝鲜和日本，500年前传入印度，200年前传入美国，让人哭笑不得的是现在美国的大豆最大出口国却是大豆的发源国，因此还常常是中美两国贸易的谈判筹码。

品种类型

大豆按照开花结果习性分为有限生长型和无限生长型，按照生长期分早中晚熟型，按照种子颜色黄豆、黑豆和间色青豆。

农残风险

大豆生产上主要病虫害有霜霉病、锈病、枯萎病、大豆食心虫和蚜虫等，农药残留风险小。

烹调食用

大豆营养丰富，我国食用历史悠久，除了著名的豆浆、豆腐和发豆芽外，用大豆制作的酱油和豆酱也是流行于世。由于大豆富含蛋白质，因此在味精还没问世的年代，利用大豆浸泡水来调味也很普遍。各地利用做蔬菜的做法也很丰富多样，长江口著名的毛豆雪菜就是十分下饭的典范，潮州菜黄豆苦瓜排骨咸菜汤也十分流行，在日本，用带荚毛豆（盐水煮熟）下清酒也很受欢迎，日本人遵照我国古称叫枝豆。值得一提的是两类大豆含有的物质，大豆嘌呤和大豆黄酮，考虑到前者痛风患者不宜多吃大豆，考虑到后者由于能延缓更年期，鼓励中年妇女多吃。

黑豆今昔

近年来黑色食品大行其道，出现了一系列黑五类食品。一般说来，强调黑色食品的保健功能，主要是因为食品的黑色源于青花素等抗氧化物质丰富，有时也代表铁的含量高些。《景岳全书》谓黑豆补肾益气，美容养颜。而时髦的保健品，男必言壮阳，女必讲美容，看来黑豆也赶了这时髦，因此利用黑豆制作的食品，如黑豆浆、黑豆茶和黑豆酒等纷纷问世。

其实一些传统的黑豆食品，早已经流行于民间。比如汕头地区的乌豆水，以黑豆加少量甘草熬制的“凉水”（如广州地区的凉茶），除湿解毒清热气防感冒，不仅百姓人家煮而饮之，连星级宾馆酒楼都用来取代可乐和果汁供应食客，广受欢迎。

汕头地区民谚：“番薯怕巴牙（哨牙），乌豆怕调羹”中的黑豆，是传统潮州人的家常杂咸小菜，黑豆用少量的水煮熟，待水煮快干时，加入较多的盐巴，胀泡的熟黑豆皮遇到食盐收缩，成为皱皮咸黑豆，潮语称“乌豆纠”，用来下粥，以前饥饿年代，粥都不够喝，有咸黑豆配，已经是万幸，故用筷子耐夹，怕人用调羹取，恰似哨牙之辈吃起番薯来更加方便也。

黑豆还是黑豆，不同的年代便被附以不同的内涵。

其实何止黑豆，世间很多东西又何尝不是这样呢。

为黑豆正名

《金瓶梅》第七十五回，西门庆评论应伯爵老婆杜春花时说：“那奴才撒把黑豆，只好叫猪拱吧”，《金瓶梅》中还有类似的说法，如“撒把黑豆只好喂猪拱，狗也不要她”。这是骂人的粗话、脏话，形容妇人下贱。有金学家注解说黑豆是一种低劣的作物，一般只做饲料，谓妇人下贱如黑豆，一些《金瓶梅》爱好者在讨论此事时也这样理解，甚为不妥。

日本人骂女人“kisama ”（修女或尼姑的意思），日本小孩骂人“Omaeno kaachan debeso”（你妈肚脐突出来，即你妈很丑陋的意思），这两句日本粗口，与

西门庆的说法如出一辙，都是拐弯骂人。

“那奴才撒把黑豆，只好叫猪拱吧”和“撒把黑豆只好喂猪拱，狗也不要她”，意思是妇人下贱、老、丑陋、没有性感，连猪狗食、连粪便都不如，显然，不撒上把黑豆，猪是不会去“拱”的。

所以，黑豆是引诱猪去拱的上等东西，而不下贱，不低劣，为黑豆正名。

37. 赤小豆

赤小豆是豆科豇豆属中采收豆粒的一年生草本栽培种，别名赤豆，红饭豆和红豆等。原产亚洲，我国、朝鲜、日本和东南亚都有分布，中国古称小菽或赤菽。

品种类型

一般按照种子颜色区分，种色有暗红、褐色、黑褐色等，但是往往区分比较模糊，难怪英文称赤小豆为Adzuki beans要以复数表示。

农残风险

赤小豆生产上主要病虫害有锈病、蚜虫和红蜘蛛等，农药残留风险小。

烹调食用

赤小豆一般多用于做红豆沙馅料，也用来煮赤豆粥饭。中医讲究赤小豆祛湿利水、健脾补血，因此用赤小豆煲汤在南方地区也很流行。

文化杂谈

赤小豆煲塘虱汤

华南地区平时就很潮湿，到了梅雨季节，情况更甚。以前在广州上学，住的是老式楼房的一楼，摆在地上的球鞋，两天不用就发霉发臭，洗好的衣服有时候三天也干不了，屋子里到处在冒水，空气湿淋淋，人的肉体和思想也黏糊糊，那个难受劲，就甭提了。

这时候，体内湿气重，有时候胸口发闷，没有胃口，累累的，肚子胀胀的，舌苔厚厚的，这就是中医讲的湿气重，医生会建议喝五花茶或红豆薏米陈皮糖水。其实，如果有条件，用赤小豆煲汤，比如赤小豆、粉葛、鲮鱼和猪骨汤，或者赤小豆、塘虱（或泥鳅）和猪骨汤（鲮鱼、塘虱或泥鳅用油先煎黄，汤中加入新会陈皮同煮），既营养可口，又去湿解毒，一举两得。

香港名人蔡澜和倪匡，说赤小豆鲮鱼汤的紫红色显得多“暧昧”，也亏这些风流才子想得出来，汤的颜色也可形容为暧昧！想不到一次在广州，发现一餐馆竟然将此汤叫“同志汤”，据说原因是紫红色调是男同志的本色。

赤小豆又称赤豆或红豆，但是有别于王维的《相思》“红豆生南国，春来发几枝。愿君多采撷，此物最相思”中的红豆，后者不可食，是豆科木本，也就是相思树。

喝了赤小豆塘虱汤，湿气退了，思想也不黏糊糊了，于是用粤语大胆仿了一把王维：

红豆生南国，

春来煲塘虱。

愿君多喝汤，

此物最除湿。

38．绿豆

绿豆是豆科豇豆属中采收豆粒的一年生草本栽培种，别名青小豆、植豆等，英文称Green bean。原产亚洲印度和缅甸，中国和亚洲其他地区有广泛栽培。

品种类型

绿豆的种子颜色以绿色为主调，也有比较少见的浅黄色，分类起来界限比较模糊。

农残风险

和赤小豆相似，绿豆生产上主要病虫害有锈病、蚜虫和红蜘蛛等，农药残留风险小。

烹调食用

绿豆清热解毒，消暑开胃，利水通淋。新近的研究发现，绿豆有清血、降血脂和抗癌功能。除了广泛的发豆芽外，绿豆多数用于煮绿豆汤、粥或做糕点。

绿豆薄情

东南亚热带地区，民众在夏天有吃冰冻小吃消暑的习惯，因此城市里的“冰室”到了夏天生意兴隆。记得一次在广州冰室吃冰，要了一客双球豆沙冰，其中一种是红豆沙，一种是绿豆沙，颜色对比分明，卖相甚好。我一边吃冰一边胡思乱想：红豆相思情深，有王维的《相思》广为人传诵，绿豆是不是薄情负义呢？

偶然读到清朝时期广东一首竹枝词，上述想法得以证实：“官人骑马到林池，斩竿筋竹织筲箕。筲箕载绿豆，绿豆喂相思。相思有翼飞开去，只乘空笼挂树枝。”这是一首讽刺薄情负义的民谣，见于清朝梁绍壬《两般秋雨庵随笔》，词内相思为鸟名。

杂碎之杂碎

杂碎一词，一般指煮熟切碎供食用的猪牛羊内脏。在北美一些地方，人们用杂碎称呼豆芽，据说是当年李鸿章到访，深夜去中餐馆吃饭，餐馆临时用很多种食材混炒一盘，其中包括了餐馆常备的豆芽，李鸿章十分喜欢，后来餐馆将此菜就叫李鸿章杂碎，再后来，北美的人们就干脆叫豆芽“杂碎（Chopsuey）”。

西方人称豆芽、豆腐、酱和面筋为中国食品的四大发明。我国发明豆芽已经有2000多年历史，最早的豆芽为黑豆豆芽，称大豆黄卷，见《神农本草经》：“以井水浸黑大豆，候芽长五寸，干之即为黄卷”。到了宋代，以豆芽为蔬食之风日盛，除了黑豆，黄豆、绿豆和豌豆等均可发芽而蔬食，大豆芽还有“鹅黄先生”的美称，诗人称“晚菘早韭各一时，非时不到诗人脾”，对发豆芽时的场景进行了描述：“先生一钵同僧居，别有方法供菜蔬。山房扫地布豆粒，不须勤荷烟中锄。分手瀑泉洒作雨，复以老瓦如穹庐”。

食用豆芽时人们常常还要掐去须根和豆粒，因此北方人称豆芽为“掐菜”，以至于现在一些生产豆芽的还在发豆芽时使用植物激素防止豆芽根须生长。豆芽可凉拌，如宋代有“沸汤略焯，姜醋和之”的记载；也可入汤融味，如清朝《随园食单》说：“可配以燕窝，以柔配柔，以白配白故也”；还可猛火熘炒，如当代的“熘银条”。豆芽可荤可素，荤者如与鸡丝混炒。著名的广州美食“干炒牛河”，有经验的厨师总是在河粉快上碟前才将豆芽混入，快炒几下即可装盘，保持了豆芽的脆劲。顺便说一句，网络上有笑话说“干炒牛河”的英文菜名翻译成“Fuck the cow fry to river”，笑点之一是Cow，此词欧美人士口头语常常指身段丰满的婆娘。

由于我国食用豆芽的历史悠久，因此和豆芽有关的口头语或歇后语也颇多。比如，豆芽身材就是说身材瘦长孱弱，不堪折腾。《金瓶梅》第六十五回中月娘和潘金莲在评论如意儿时说：“豆芽菜儿，有甚捆儿？”，从语境上看，是说如意儿那婆娘不入流，而不只是不堪折腾的意思。

杂者，不纯也，碎者，零散也。用杂碎称呼豆芽，那么，本文堪称杂碎之杂碎也。

鹅道和豆道

明朝的时候，人们曾创造了一种听起来颇为残酷的方法炮制鹅掌：在池塘边烧一锅滚开的油，把准备宰杀的鹅双脚抓紧，将掌浸入热油中，随即将鹅抛入池塘，鹅由于双掌受烫在池塘中纵跃，拼命划掌游动，然后，又抓回鹅如法炮制，这样重复数次，才把鹅宰杀，取鹅掌烹调食用，“则其为掌也，丰美甘甜，厚可经寸，是食中异品也”。

四川火锅，麻辣美味，鹅肠是火锅的好食材。据说成都以前有特别追求口感的食客，发明了“生掏鹅肠”：用铁钩将活鹅的肠子活生生掏出，立刻洗净供火锅食用，然后才将鹅宰杀，据说这样鹅肠新鲜脆嫩，没有杂味。

说到肥鹅肝，人们就会想到法国菜，其实肥鹅肝起源于中东以色列一带，以前以色列人不吃猪牛，因此把鹅养肥取鹅油烹调时用，发现肥鹅的肝格外的香滑，后来法国人在此基础上更进一步，选育了肥肝鹅品种，养成肥大的成鹅后，人工强行填塞喂食，使鹅的肝脏脂肪化，颇似时下人们流行的脂肪肝病，然后才宰杀鹅，取肥鹅肝。

上述方法，听来颇不鹅道。清朝李渔就曾写道：“惨者斯言，予不愿听之矣！物不幸为人所畜，食人之食，死人之事。偿之以死也足矣，奈何未死之先，又加若是之惨刑乎？二掌虽美，入口即化，其受痛楚之时，则百倍于此者。以生物多时之痛楚，易我片刻之甘甜，忍人不为，况稍具婆心者乎。”在法国，稍大点的肥肝鹅农场上马，必将遭到包括动物权益保护组织在内的大规模抗议：“人有人权，鹅有鹅道”，因此现在肥肝鹅的生产，大多已经转移到发展中国家。

其实，我们平常吃的豆芽，就是最最无权无道的了：想一想，一颗豆子好好地休眠着，在人们用水引诱下，生命萌动了，生根发芽了，但是，豆子的死期也就到了。人们“卑鄙地”对豆子骗生骗死，夺取了豆子刚刚开始的弱小的生命。试问，如果上述三例没有鹅权鹅道，发豆芽吃，就有豆权？就有豆道？

答案就是聊以自慰的老生常谈：民以食为天嘛！

39. 茄子

茄子是茄科茄属中以浆果为产品的一年生草本植物，热带栽培也可多年生。茄子别名落苏、酪酥、昆仑瓜、小菰等，英文称Eggplant。茄子起源于亚洲，印度和中国是第一和第二起源中心，中国的晋朝《南方草木状》和宋朝的《图经本草》对茄子都有记载。现在茄子是世界性蔬菜，在我国，茄子是夏季的主要菜蔬。

品种类型

植物学上将茄子分为三个变种：圆茄、长茄和矮茄。圆茄植株和果实大，果圆球、扁球或椭圆球形，皮色紫或绿白，我国主要分布在北方；长茄植株中等，果实长棒形，皮色紫、绿或淡绿，主要分布在南方；矮茄植株和果实小，果实卵形或长卵形，种子较多，品质差，矮茄现在栽培不多，分布在北方。

农残风险

茄子的主要病虫害有立枯病、棉疫病、黄萎病、褐纹病、红蜘蛛、茶黄螨和茄白翅野螟等，如果采收间隔期与防治时农药安全间隔期安排好，一般说来茄子的农药残留风险小。

烹调食用

茄子以幼嫩浆果供食用，我国食用茄子历史悠久，地方广阔，因此方法众多，可炒、煮、煎、干制或盐腌制，大多与蒜、酱、醋和鱼露等调味。值得一提的是，茄子含有茄碱苷，对降低胆固醇、增强肝功能有保健作用。

红金茄

近年来，省港一带餐厅流行一味茄子，做法大致是先用油炸整条茄子，捞出用上汤和酱油煨干，切段上碟，再撒上一层油炸至金黄的蒜头碎。茄子香滑细腻，蒜碎香脆浓郁，各地餐厅均称之“避风塘茄子”。避风塘是香港食肆林立的胜地，也许这味茄子由避风塘的食肆首创，一次在避风塘餐厅用餐，问侍者菜名来历，但是侍者也说不出所以然。

于是，有了给菜改名的冲动和灵感：“红金茄”，不仅是因为外观上紫红色的茄子上铺一层金黄色的炸蒜碎，而且重要的是茄子在《红楼梦》和《金瓶梅》里不同的待遇。

《红楼梦》第四十一回里的茄鲞，做法精致考究：“把才下来的茄子皮剥了，只

要净肉，切成碎钉子，用鸡油炸了，再用鸡肉脯子并香菌、新笋、蘑菇、五香豆腐干子、各色干果子，都切成钉儿，用鸡汤煨干，将香油一收，外加糟油一拌，盛在瓷罐里封严，要吃时，拿出来用炒的鸡瓜子一拌就是了”（凤姐儿话），怪不得刘姥姥摇头吐舌：“我的佛祖！倒得十来只鸡配它，怪道这个味儿”。作者通过对茄鲞的描述，立体地反映出贾府生活的富贵和雅致。在《金瓶梅》中西门庆之流多是俗之又俗的酒色之辈，吃茄子也就是“酱茄”。

避风塘茄子，雅不及《红楼梦》的茄鲞，俗不及《金瓶梅》的酱茄，称红金茄是不是很恰当？

荤　话

现在虽然工体球场骂声不断，但老北京人语言讲究风雅，百姓言及村俗之物，常常话留一半，甚至骂人也拐着弯（如“爹多娘少”）。在文人雅士云集的场所，或者淑女贤妇汇集的地方，更是难听村语，不闻粗话。言及菜蔬之物，也是如此。

如木樨菠菜，木樨汤。京人讳蛋，代之以木樨、果儿和鸡子之类。木樨者，桂花也，如北京有地名木樨地，以木樨称蛋，大概是桂花的黄色与蛋黄接近吧。果儿或沃果儿，源于代客人在馄饨或豆浆中煮鸡蛋，颇为文雅。倒是鸡子之称，虽然外地也有，但是如果单独说鸡子，怕容易与阉雄鸡时取出的生殖器官混淆，而后者正是村语蛋之所指，这样一来反而有些欲盖弥彰了。

一次在北京与友人吃饭，点菜时小姐问来点什么素菜，一位同伴大声说：“来个茄子”，写菜小姐听了立马脸红耳赤。

茄子一词，谓蔬菜之余，还是村语粗话，暗指男阳。如讲“你懂个屁”可说成“你懂个茄子”，与四川话“你晓得个锤子”如出一辙，巧合的是英文称茄子为蛋植物（Eggplant），看来都是因为茄子长得像那玩意。

《红楼梦》四十一回，贾母、凤姐陪刘姥姥用餐，酒过数轮，贾母依然不失文雅地对凤姐说：“把茄鲞搛些喂她”，寥寥七字，大有嚼头。搛者，夹也，贾母嫌夹字在此不雅，代之以搛，不知是否怕夹茄子引起歪念，使话蒙上色儿（音shair）？有待梦中请教曹雪芹了。

秋 茄

在全国范围内说，茄子是夏季蔬菜。在北方，茄子到了秋天，就因为低温而萎蔫了，因此北方有歇后语“霜打的茄子——没了精神”形容无精打采。但是在广东，由于气温较高，茄子在一些地方演化出秋天时仍可生产富有特色风味的品种，民间对秋茄也有固执的热爱，尤其是广东南海盐步，更是有著名的秋茄地方品种，类似于汕头地区的象牙茄，但是细长一些，纯正品种只比指头稍粗一些，果形酷似手指，因此当地有“观音指”的雅号，茄子皮浅绿色，表面也比较粗糙，但是肉质细腻，风味独特，惹味，一般用蒸的方法烹调，如酱油蒸秋茄、虾子酱蒸秋茄等，盐步秋茄在粤菜中的江湖地位很高，以至于近年来，南海还以盐步秋茄这个地方特色农产品为名片推荐旅游。在广东潮州、澄海等地，也有类似的秋茄地方品种，潮州人还有民谚“留命食秋茄”，说的是上了年纪的，过一天少一天的老人，对一年一度的秋茄的渴望，足见秋茄在人们心中的地位。

但是如果单独说秋茄，文字上指的是一种东南亚沿海滩涂生长的红树，是红树林中最常见的，分类学上属于桃金娘目红树科秋茄树属秋茄种，学名Kandelia candel（两个拉丁文文字的意思都是蜡烛，植物分类学鼻祖林奈在定名时突出了果实和蜡烛一样的形状），但是与茄子分类学上目、科、属、种都不同，红树秋茄果实形状如蜡烛，成熟后形状和茄子十分相似，以至于国内诸多搜索网站将红树秋茄和秋天的茄子图文都混为一谈，贻笑大方。

值得一笑的还有，茄子、蜡烛、中指等在口头语、文字隐语和手语上都是粗口，似乎称呼盐步秋茄为观音指就是对佛大不敬了。有趣的是明朝冯梦龙的《茄子》，却用秋天的茄子描写半老徐娘的风尘妇人：“姐儿光头滑面好像茄子能，爱穿青袄紫罗裙。虽是霜打风吹九秋末后像子个黄婆子，还有介星老瓢身分惹人寻。”

心素茄香

李渔在《闲情偶记》谓：“煮茄、瓠宜用酱醋，而不宜用盐。”著名的茄鲞，更是《红楼梦》中用鸡等调味制作的瓮菜，茄鲞的鲞，就是干腊鱼，王应麟《困学纪闻》云：“思海鱼而难于生致，治生鱼盐渍而日干之，故名为鲞。”《红楼梦》中茄

銮的配料，并不用鱼，就像四川菜鱼香肉丝中不用鱼也能做出鱼的味道来，不像广东菜，鱼香茄子煲是要用咸鱼的。

小时候读《红楼梦》读到茄鲞，流出来的口水，怕比书中刘姥姥的还多，在那个稀饭都吃不饱的年代，母亲“长袖善舞”，在煮粥时，把洗净的茄子（家乡的白茄，又称象牙茄）整条投入粥中煮熟，捞出加入盐，用筷子捣烂，做“素茄鲞”，用其配粥，倒也十分可口，条件稍好时，用鱼露或豆瓣酱取代盐巴，加入猪油和蒜泥，更是香滑好味，这种茄子做法，在乡下是十分普遍的。

现在有时在星级酒店吃饭，不管是鱼香茄子还是避风塘茄子，虽然做法讲究名贵，却有些乏味，心中念念不忘童年时的素茄鲞。

一次在耶鲁撒冷旅行，在圣地橄榄山的一处阿拉伯餐厅吃饭，我惊喜地发现，开胃菜中，也有素茄鲞！也是水煮茄子捣烂拌盐，不同的是混入了橄榄油，据说这种凉拌茄子是阿拉伯人家常的瓮菜。

面对圣山，我想起了《圣经》名句：“Better is a dinner of vegetables where love is，than a fatted ox and hatred with it”（吃素菜，彼此相爱，强如吃肥牛，彼此相恨。《旧约·箴言》15：17）。

刹那间，我明白了，成年人的世界，太多的竞争，真茄鲞也乏味，童年在母爱的庇护下，心素，素茄鲞也香。

40．蕹菜

蕹菜是旋花科甘薯属中以嫩茎叶为产品的一年生或多年生草本栽培种，原产中国和印度，晋朝《南方草木状》就有利用苇筏漂浮水中栽培蕹菜的记录。蕹菜耐高温和暴雨，是我国南方地区夏季的主要叶菜。别名竹叶菜、空心菜和藤菜等，英文称Water spinach。闽南语系称蕹菜为应菜，意思就是在叶菜稀罕的季节应节供应，菜如其名；一些广东人称呼蕹菜为通心菜，颇不妥，盖蕹菜节间有隔，空心而不通心也；倒是因为蕹菜的可食部分中茎梗的比例大，因此四川等地戏称无缝钢管，显得有趣多了。

品种类型

按能否结籽分为结籽类型的子蕹菜和不结籽类型的藤蕹菜，按对水分的适应性分为水蕹菜和旱蕹菜，按茎叶的颜色分为青梗蕹菜、半青白蕹菜和白梗蕹菜。通常水蕹菜白梗的多，设施栽培的蕹菜一般用半青白蕹菜。

农残风险

蕹菜生产上主要病虫害有白锈病和夜蛾等，一般说来，蕹菜产品的农药残留风险小，在干旱天气夜蛾暴发时菜农使用有机磷杀虫剂防治有时也会出现超标问题。

烹调食用

蕹菜一般用嫩茎叶炒食，或做汤。蕹菜性寒凉，身体虚弱虚寒的老者不宜多吃。一般炒食时多用辣椒、蒜头等温辛调料配合，比如广东菜系的辣椒丝腐乳蕹菜、蒜头虾酱爆蕹菜梗就很流行。此外，炒青梗蕹菜追求口感上柔嫩，而炒白梗要追求脆嫩。

蕹菜作证

潮汕民间谚语“应菜撬老毛”，意思是说由于蕹菜性寒凉，吃多了会使身体原来落下的老毛病复发。20世纪70年代，由于缺乏油水，很多人不敢多吃蕹菜，甚至担心多吃了蕹菜，脚会抽筋。但随着社会的发展和人们生活水平的提高，人们肚子里的油水多了，于是大吃特吃蕹菜，再也听不到撬老毛和脚抽筋的担忧了，甚至在冬季利用大棚生产的蕹菜，也成了火锅的佳品，也不管潮州民谚“白露应，毒过饭匙枪（意思是过了白露节气的蕹菜，比饭铲头毒蛇还毒）”的劝诫了。真是弹指一挥间，短短三十年，蕹菜就乌鸡变凤凰。

最近媒体在广泛纪念改革开放30年，歌颂人们生活水平的提高。其实，人们对蕹菜的态度，不是最好的例证吗！

歇后语

潮汕有歇后语“十月应菜——官（潮语“只有”的意思）个讲（发共音，又指蕹菜中空的“梗”，意思是蕹菜到了十月秋风起时，叶片变小和少了，只有中空的梗，这个歇后语用于形容夸夸其谈而又没有实际本事的人。

广州也有类似的歇后语“无耳（壶把）茶壶——得把嘴”，是说一把茶壶，壶把没了，只剩下一个壶嘴，与上述潮汕歇后语意思完全一样，也是讽刺夸夸其谈的。

北京的歇后语“没（或锯）嘴的葫芦——两片儿瓢”，是说人的两片嘴唇，就像锯开没嘴的葫芦，空有两片瓢，不起作用，形容没有口才，不善辞令，有时也形容有口难言或无言以对。

京粤两地，民风不一。北京人讲究能说会道，而且还要求语言风趣风雅，侃大山是北京人的爱好，而广东人笃信“讲多无谓，行动最实际”。因此北京人有讽刺不善言语辞令的“没嘴的葫芦——两片儿瓢”，而广东人有讽刺夸夸其谈的“十月应菜——官个讲”和“无耳茶壶——得把嘴”。

41．苋菜

苋菜是苋科苋属中以嫩茎叶为食的一年生草本植物，英文称Edible amaranth。苋属植物世界各地都有分布，我国有13种，栽培种主要分布于中国和印度。我国自古以来就有采食野生苋属植物和栽培苋菜的记录，由于苋菜耐热耐风雨，因此苋菜现在成了全国性的夏季重要叶菜。

品种类型

按叶片颜色分绿苋菜（叶片绿色，耐热，质地较硬）、红苋菜（叶片紫红色，耐热性中等，质地较软）和彩苋菜（叶片边缘绿色而中间紫红色，耐热性差，质地软）三类。

农残风险

苋菜生产上主要病虫害有白锈病和夜蛾等，一般说来，苋菜产品的农药残留风险小。

烹调食用

苋菜可炒食或做汤，炒食苋菜时一般将菜炒软后加点水或汤煮一会，口感更加柔嫩，所以餐馆的苋菜一般多采用上汤做法，通常可用蒜头（油爆香后投菜入锅）、皮蛋（或咸蛋，切碎）和肉碎（蛋和肉碎后下锅）同煮。

夷

《说文解字》谓："苋，从草，见声"，《本草纲目》说："苋菜的枝叶高大易见，故名"。因为苋菜的分布广泛，植株高大容易被发现，因此在采食野苋菜时人们容易采到，我国各地都有采集野苋或做蔬菜或做猪食的习惯，也许容易得到就不珍惜的心理，或者是也用做猪食的因由，长期以来苋菜作为蔬菜并不被推崇。

事实上，苋菜的营养价值很高，比如钙的含量就可达近2克/千克，铁的含量可达40毫克/千克，铁含量甚至是所谓富铁蔬菜菠菜的两倍，新近证实苋菜的赖氨酸含量也很高，可以补充优化谷物的氨基酸组成，因此甚至可以说苋菜是理想的优质蔬菜，非常适合给小儿食用。

老子说："视而不见名曰夷"，看来苋菜要改名夷菜了。因为分布广泛和高大易见就被忽视，被看不起，类似的例子在生活中比比皆是，也许伯乐置身于千里马群中也会花了眼。对于苋菜，我们应该视而见之、知之，而后食之。

顺便提一句，由于苋菜富含光敏性物质，因此有光敏性皮炎的人慎吃。

42. 落葵

落葵是落葵科落葵属中以嫩茎叶供食用的栽培种，一年生缠绕性草本，别名木耳菜、潺菜、胭脂菜和豆腐菜，英文称Malabar spinach。落葵原产亚洲热带，我国栽培食用历史悠久，现在是全国性夏季蔬菜。

品种类型

按花的颜色分红花落葵、白花落葵和黑花落葵，栽培种以前两者为主，通常红花落葵花与茎均为紫红色，而白花落葵茎淡绿色，花白色。

农残风险

落葵生产上主要病虫害有紫斑病、灰霉病和蜗牛等，落葵农药残留风险小。

烹调食用

落葵清热、凉血、滑肠、解毒，宜汤宜炒，口感润滑，我国各地炒食落葵多与蒜蓉作调料，做菜汤时多与肉片搭配。

文化杂谈

小心求证

落葵这个名字，多少有些诗意，再加上有时呈粉红色，又有胭脂菜的别名，因此，许多文人墨客乐意发挥尤其是与少女的联想。但是，在利用中国古代文献的片言只字时，常常将落葵与冬葵张冠李戴，或者混为一谈（如薛理勇，《食俗趣话》，上海科学技术文献出版社，2003年，105页）。

《诗经·国风·七月》云："七月烹葵及菽"中的葵，是《本草纲目》说的"古者葵为五菜之首"的葵，重要的是"古者"两字，大约元明以后，国人除了两湖周边个别地区外已不太食用这种葵了，此葵今人称冬寒菜、冬葵或野葵，属锦葵科锦葵属，属名为*Malva L.*，分布于亚热带到北温带。《农书》说“葵为百菜之王，备四时之馔，本丰而耐旱，味甘而无毒”，这里有两个信息点让人倾向于说的是冬葵，一是四时之馔，冬葵耐低温的能力也远比落葵高，落葵只能高温季节时生产，也可能应该为腌制菜，显然冬葵的质地比落葵的更加适合于腌制。二是耐旱，也是冬葵耐旱而落葵喜潮湿。而落葵属于落葵科落葵属，属名为*Basella L.*，原产亚洲热带，虽然引进中国内陆很早，但是在《诗经》产生的年代，中国北方应该还没分布。《中国农业百科全书–蔬菜卷》(1990年，农业出版社，151页)中说落葵在《尔雅》中有记载，《尔雅》提到的藤葵和承露，是有释者认为是落葵，但也是存疑的。

因此，在写作时要小心，冬葵和落葵，在植物分类学上，科都不同，混淆不得。

43．紫苏

紫苏是唇形科紫苏属中以嫩叶为食的一年生草本植物栽培种，别名荏、赤苏和白苏，英文称Perilla。紫苏原产中国，两千多年前的中国古籍《尔雅》和《方言》均有紫苏的记载。紫苏主要分布在东南亚，有野生种和栽培种。

品种类型

紫苏有皱叶类型和尖叶类型，前者又名回回苏或鸡冠紫苏，后者各地大都有野生种。

农残风险

栽培紫苏生产上病虫害少，农药残留风险低。

烹调食用

紫苏具特异芳香味道，是由挥发油产生，内含紫苏、薄荷或丁香等植物的

醛、酮、醇和酚类化合物。中医讲究紫苏有散寒和理气作用，国人在烹调水产类食物如鱼、虾、蟹和田螺等常常用紫苏调味解腥，以至于现在卖大闸蟹者都随蟹送紫苏，广东菜双紫鸭，就是用紫姜和紫苏焖鸭。两千多年前汉代在吃鲤鱼生鱼肉片（古称脍）时也用紫苏拌食，现代日本人吃刺身水产品时更是离不开紫苏，日式天富罗（炸蔬菜片）中也常见紫苏。中国台湾人用紫苏和青梅制作的紫苏梅零食，独特的风味特别吸引人，以至于有人用紫苏梅烹调烧猪肉或鸭肉，也很开胃诱人。

解 腥

腥是一种味道，尤其是指由鱼等水产品本身带来的令人不愉快的味道，英文称腥为Fishy smell。人们对腥味又爱又恨，爱是因为对鱼虾等食物美味的向往，恨是对腥味本能的不喜欢，于是用紫苏等调味品烹调鱼虾蟹解腥。

在中文中，偷腥是指人类不道德的性行为。令人啼笑皆非的是有著名搜索网站解说为，中国古代人们曾用鱼的气囊当避孕套用，故有偷腥一说，真是胡说八道。腥，从月从星，就是从肉从黑夜，汉字本身所包含的就有容易转义为不道德性行为的因素：黑夜里的肉体，见不得人的肉体，再往下说，就连语言都太腥了。

《楚辞·九章·涉江》有句“腥臊并御，芳不得薄兮”，一般解为“腥臊的却被重用，而芳香的却不得靠前。”这应了黑格尔在《宗教哲学教程》中的一句话：“人是一种清淡香味，人的品行浸透了这种香味。”读《楚辞》时香草的香味从古老的文字中透出，传统上在这香味中我们领略了屈原这一个完美的精神楷模，得到了极大的精神享受，而不是用香草给鱼肉调味或给异性化妆带来的物质上对食欲和性欲的刺激。虽然，仅仅从文字上看，“腥臊并御，芳不得薄兮”作后者解也可以。

44. 罗勒

罗勒是唇形科罗勒属中以嫩茎叶为食的栽培种，一年生草本，别名毛罗勒、兰香、九层塔、满园香等，英文称Basil。罗勒一般认为起源于中国和印度，我国《齐民要术》记载有罗勒的栽培和食用方法，印度古籍也有罗勒的文献记载。现在罗勒是世界性的调味菜蔬。

品种类型

罗勒属栽培用于调味菜或香料生产原料的植物繁多，比较出名的有：我国广泛栽培利用的甜罗勒和斑叶罗勒、丁香风味的丁香罗勒、柠檬风味的柠檬罗勒和桂皮风味的桂皮罗勒等等，大部分罗勒是草本，一些罗勒还可以是灌木。

农残风险

罗勒生产上重要病虫害有枯萎病、蚜虫、潜蝇、蓟马和蜗牛等，一般说来罗勒的农药残留风险小。

烹调食用

与紫苏类似，罗勒含有芳香味挥发油，中医讲究可解毒健胃。罗勒是世界性调味鲜食香草，广泛用于食物菜肴的调味。在中国菜中，罗勒可做凉拌菜，这是为数不多的以罗勒为主要食材的菜肴，罗勒大都用于为鱼、肉或其他食材调味，潮州菜中，罗勒广泛用于海产品尤其是贝壳类海产品的调味。柠檬汁、辣椒和罗勒的混合味道，几乎就是泰国等东南亚菜的主流风味。

添足一句，罗勒不耐低温，因此从市场买回罗勒后不宜放冰箱，否则可能冻烂，可用一杯水像插花一样养着备用。

香味的另类应用

罗勒富含的挥发油中的芳香物质，目前已经明确化学结构的就有近20种，这些芳香物质对食物的调味功能在世界各种菜系中得到了充分应用，富含这些物质的罗勒香油在化妆品等日用品也应用广泛。其实，对于自家庭院有一小块地做私家菜圃者来说，罗勒的挥发性香味，还可以另做其他应用呢。

罗勒等植物具备一些特殊的气味，对一些昆虫具有拒避作用，比如危害十字花科蔬菜的害虫小菜蛾、菜粉蝶等，就会避开有这种气味的地方。利用这个原理，在栽培十字花科蔬菜时，如果与罗勒等植物间种，那么就会减少小菜蛾和菜粉蝶等对十字花科蔬菜的危害。这种天然的害虫防治方法，已经在许多生产有机食品蔬菜的农场得到了应用。

此外，罗勒等植物对蚊子也有一定的拒避作用，因此，如果在自家庭院菜圃里种上几株罗勒，在劳作时也好少受蚊蝇之苦。

45. 莼菜

莼菜是睡莲科莼菜属中以嫩梢和处生卷叶为食的栽培种，多年生宿根性水生草本植物。莼菜古称茆，别名马蹄草、水荷叶、水葵和湖菜等，英文称Water shield。莼菜原产中国，分布于亚洲、美洲和非洲，我国以长江流域和云南为主要产区，以浙江西湖莼菜为最著名。

品种类型

按莼菜的花和食用部分的色泽，分为红花品种和绿花品种，前者花冠、叶背、嫩梢和卷叶均为暗红色，清香味以红花品种浓郁些；后者花冠淡绿色，叶背仅叶缘暗红色，嫩梢和卷叶绿色。值得一提的是，煮熟后暗红色大都会褪色，变成黄绿色。

农残风险

生产上莼菜只有夜蛾科害虫有时会造成危害，农药残留风险小。

烹调食用

莼菜的食用部分有透明胶质，用莼菜做汤，鲜美润滑，莼菜自古就是珍贵菜蔬。我国食用莼菜大多是与鱼片配合做汤，西湖莼菜鱼片汤更是誉满天下。其实，用香油、醋、蒜调味做凉拌莼菜，脆嫩、爽滑、清香，更是一绝。

莼菜春秋

自《诗经·鲁颂·泮水》谓“思乐泮水，薄采其茆”，知古人早已采莼菜蔬食。《晋书》记载吴人张翰思念莼菜鲈鱼羹，说：“人生贵得适意尔，何能羁宦数千里以要名爵”，乃辞官回乡尝鲜，于是成语有了“莼鲈之思”表示思乡。自此历代文人雅士对莼菜歌咏很多，到了唐代更是达到高潮，以至于当时日本国君天皇为此也作词“寒江春晓片云晴，两岸花飞月更明。鲈鱼脍，莼菜羹，餐罢酣歌带月行。”甚至比历代名家如白居易的“犹有鲈鱼莼菜兴，来春或拟往江东”、辛弃疾的“秋晚莼鲈江上，夜深儿女灯前”、苏东坡的“季鹰真得水中仙，直为鲈鱼也自贤”、欧阳修的“思乡忽从秋风起，白蚬莼菜脍鲈羹”和陆游的“今年菰菜尝新晚，正与鲈鱼一并来”等等的莼菜诗歌更加出色。值得全词引录的是葛长庚的《贺新郎》：“且尽杯中酒。问平生、湖海心期，更如君否。渭树江云多少恨，离合古今非偶。更风雨、十常八九。长铗歌弹明月堕，对萧萧、客鬓闲携手。还怕折、渡头柳。小楼夜久微凉透。倚危阑、一池倒影，半空星斗。此会明年知何处，苹末秋风未久。漫输与、鹭朋鸥友。已办扁舟松江去，与鲈鱼、莼菜论交旧，因念此，重回首。”上述除了白居易和日本国君的诗词讲的是春天莼菜外，其余对莼菜鲈鱼的思念也突出了秋季的时间性。

清朝《两般秋雨庵随笔》载："《曼录》又载杜子美祭房相国，九月用茶藕莼鲫之奠，晋张翰亦以秋风思莼鲈。莼生于春，至秋则不可食，何二公皆用于秋？云云不知莼菜春秋二生，秋莼更肥于春莼。江南人于早秋宴客，必荐此品。北产固不解也"。看来古代文人对植物生长的季节和地理之间的关系缺乏综合理解，莼菜早春瘦，秋天肥，早晚看当地的纬度，但是春秋产的莼菜对于口感和清香味却是影响不大，这也是本书将莼菜放在第三章"夏"的原因，夏季介乎春秋之间也。此外，现在人工栽培莼菜，更是有人利用栽培设施延缓秋天莼菜的采收期呢。真是：

春秋莼菜各有期，

燕瘦环肥两相宜。

西湖莼菜胜西子，

活色生香万人迷。

46. 紫菜

紫菜是生长于海水的红藻门紫菜科紫菜属中叶状藻体可食的种群，英文统称Laver 。我国食用紫菜的历史悠久，《齐民要术》和《本草纲目》等古籍均记载了紫菜的采食历史和食用价值，唐代《食疗本草》称紫菜"生南海中，正青色，附石，取之干之则紫色"。东北亚的日本和韩国也有采食和栽培紫菜，我国的紫菜以南方的福建、广东、浙江和江苏等省，和北方的山东和辽宁等为主产区，现在市场上大都是人工栽培紫菜，野生采集的紫菜已经很少见了。

品种类型

紫菜有30多种，我国有10种，北方以条斑紫菜为主，南方则以坛紫菜为主。一般消费者如果不会分辨，可大致按产地区分。

农残风险

紫菜生长于海水中，栽培上常见病害有黄斑病和赤霉病等，一般通过对海水的过滤处理、栽培密度的调整等措施防治。紫菜产品农药残留风险小。

烹调食用

紫菜富含蛋白质、碘、钙、磷、铁和多种维生素，营养丰富，带有海产风味。各地食用方法不一，日本用来包饭团、拌米饭和做零食，我国多做汤料，和紫菜汤搭配的可肉、可鱼、可蛋，素食的话与番茄搭配也是富有特色。值得一提的是紫菜做汤时不须入锅，将紫菜在炉火上烤脆撕碎放入装汤的碗，趁热倒入滚汤即可。

险过拍紫菜

从台湾海峡一直到汕头东南海域，传统上人们有到大海岩石上采食紫菜的传统，南澳是汕头地区一个岛县，清朝乾隆《南澳志》记载紫菜“生于海岩石上，名紫，可为羹”，汕头产的野生紫菜用于出口创汇已经有几百年的历史。传统上采集野生紫菜时渔民大都赤身裸体，在风高浪急的大海岩石上，一手拿一漏水竹箕，一手握一把铁刨刀，用刀将着生在岩石上的紫菜刨割拍打进竹箕，采集时还要注意观察潮水海浪状况，岩石又湿滑，出没风波里，非常惊险，以前常常有渔民在涨潮时拍紫菜丧命海浪下。因此，汕头有一句民谚：“浪险过拍紫菜”，原意是说比在海里岩石上采集紫菜还惊险。

现代潮汕方言“浪险”一词，现在大致等同北方话“牛”，有最、特别、非常、厉害、了不起等含义，比如“李嘉诚浪险有钱”，就是李嘉诚非常有钱的意思。近年来“浪险”也成了流行的网络语言，有人在解说“浪险”一词时常常与民谚“浪险过拍紫菜”联系在一起或混为一谈，说“浪险”源于海上讨生活的艰辛和危险，值得商榷。

浪，波浪，潮汕话方言均不称浪，叫“水应（音ang，四声）”。北方话浪当形容词或副词时形容放荡的意思，有放浪形骸的意思，“浪声浪气”大概是有些淫秽

的声调，也可做动词，比如“你浪哪去了？”，这和潮汕话中的“浪”倒有些关系。潮汕话中“浪”是民间粗俗语言，指男外生殖器，与全国性的“卵”相去不远，在古代楚国和吴国语言中也有类似发音和说法，如现代南方地区如湖南等地方言中，一些地方称阴茎为龙，潮汕方言“条龙尚活”，与北京话“抖机灵”相近，大意是“也太机灵了”耍小聪明的意思，原义也来自于此。

因此，“浪险过拍紫菜”中的浪，不是海浪的浪。现实证据是潮汕稍微斯文一点的人或者妇道人家大都会避讳浪，只说“险过拍紫菜”。

潮式烤紫菜

自日本人开创了独立包装的烤紫菜片当零食后，曾经风靡国内。但是在我看来，那种烤紫菜片根本不值一提。介绍一种诗意十足的传统潮汕式烤紫菜吃法。

冬日寒夜，有三五好友来访，生一木炭火炉，烧水泡功夫茶待客，主客围炉取暖，品茗之余，置野生紫菜饼于炉上烘烤，待紫菜块酥脆，取出紫菜饼，拍去炭灰，其时，炭香、茶香混合着紫菜的海鲜香缭绕，然后，或贫或富，或中或西，或白酒，或黄酒、或洋酒，或红酒，就着酥脆鲜美的即烤紫菜，把酒欢谈，或家事，或国事，或天下事，一样过瘾，一样诗意十足也。

蔡澜指导拍摄的纪录片《舌尖上的中国》，也有介绍炭火烤紫菜的潮州吃法，但是场景不同，观众能理解其中乐趣的，怕也不多。

47. 海带

海带是海带科海带属中形成肥厚带片的栽培种，一二年生海藻，属于低等植物的褐藻门，褐藻纲海带目，俗称江白菜，英文称Sea tangle或Kelp。中国食用海带已经有1000多年历史，100年前山东沿海从日本引进了栽培种后，我国的海带栽培得到了很大的发展。目前，北到辽宁，南到广东都有海带的人工栽培生产。

品种类型

海带科海带属世界上有50多种，亚洲有20多种。由于中国栽培海带来源于日本，日文又称海带为昆布，加上英文Kelp既可以称海带也可以称昆布，因此有人将海带与昆布混为一谈，其实，两者属于海带目，昆布属于翅藻科，两者分类学上不同科，直观上海带比昆布在同等栽培条件下要肥厚一些，口感上昆布更加腥和咸一些。

农残风险

生产上海带主要病害有白烂病和绿烂病，一般通过改善光照和调节水层等措施防治。海带产品的农药残留风险低。

烹调食用

海带含有丰富的蛋白质、维生素和碘、钙和铁，营养丰富。海带可做汤、炒食、醋酥，比较知名的如黄豆海带骨头汤、骨头海带萝卜汤、牛尾焖海带、凉拌海带丝、酸辣海带丝等等。

天使与魔鬼

海带丰富的营养价值对人体健康非常有帮助。丰富的碘含量有助防治甲状腺和乳腺疾病；丰富的钙有利骨骼健康；丰富的硒有助抗衰老；丰富的多糖有利提高免疫力、抗辐射；丰富的纤维有利于防治肠道癌症等等。因此，海带被许多尤其是远离沿海的内地崇尚健康饮食的人士，奉为天使。

患有甲亢病者不宜食用海带，否则会加重病情；孕妇、哺乳期产妇不宜食用海带，否则大量的碘会进入婴儿体内引起甲状腺代谢混乱；沿海常吃海产品的人不宜多吃海带，否则过量的碘会导致甲状腺癌症。因此对于上述特定人群来说，海带是魔鬼。

新近的报道显示，有些国内海带产品中砷和铅等重金属严重超标，藻类食品中砷含量的国家标准是低于1.5毫克/千克，超标海带达到4毫克/千克以上。海带中砷和铅的来源主要有两个，一是养殖海带的海域海水受污染，二是加工过程的重金属污染，尤其是一些不法商人为了追求海带的卖相，加工海带时违法添加一些含重金属的化学试剂处理海带。

在我看来，这些不法商人，才是真正的魔鬼。

48. 紫背天葵

紫背天葵是菊科三七草属中以嫩茎叶作菜用的半栽培种，宿根常绿草本，别名血皮菜、紫背菜、木耳菜等，英文以拉丁文属名称呼：Gynura。紫背天葵原产中国，中国南方地区尤其是华南地区长期以来半栽培半野生采食蔬用，在广东，以肇庆鼎湖山的紫背天葵做蔬用比较出名。

品种类型

关于紫背天葵的品种类型不甚明了，大多通过叶面、叶背和叶柄的绿色和紫色交替进行分别，叶背紫色是共性。此外，秋海棠科秋海棠属的草药也有广泛称之为紫背天葵或者红天葵的，应该避免与之混淆。

农残风险

紫背天葵属于半野生半栽培状态，栽培中病虫害很少，几乎不需要进行农药防治，因此，农药残留风险极小。

烹调食用

紫背天葵以嫩稍叶供蔬用，具特别清香风味。炒食时大都与蒜头或辣椒等辛辣调料混炒，或与肉片搭食，或炒蛋，也可与肉片或豆腐做汤。

适可而止

紫背天葵性寒凉，有凉血清热解毒功能，由于铁的含量比较丰富，因此近年来被国内广泛推荐为优质高档蔬菜，尤其是在北方一些原本不产紫背天葵的地区。随着蔬菜保护设施的建设和引种，许多大城市郊区都有少量温棚栽培，因此似乎作为珍稀蔬菜广受欢迎。

传统上紫背天葵是在救荒年代或者绿叶类蔬菜极其缺少时充饥或蔬用。比如，20世纪30年代，在井冈山的红军曾经常采集紫背天葵做蔬菜或救荒充饥，因此井冈山一带称紫背天葵为红军菜。紫背天葵有微毒，食用后一些人群会有副作用，包括恶心、食欲减退、大便次数增加和皮肤湿疹等等，因人而异。因此，偶尔吃吃无妨，不建议常吃紫背天葵，应该适可而止，尤其是身体虚寒者更要慎吃。还是那句话，如果优质，几千年了，早就人工驯化栽培生产了，尤其是紫背天葵这个十分贱生的物种。

49. 番薯

番薯是旋花科甘薯属中能形成块根的栽培种，一年生或多年生草质蔓性藤本植物，别名甘薯、地瓜和红苕等，英文称Sweet potato。番薯的块根、嫩茎尖和嫩叶也均可食用，亦粮亦菜。番薯原产于南美洲，16世纪经福建和广东从南亚传入中国大陆，现在国内广泛栽培生产。

品种类型

番薯的品种类型丰富，番薯的块根的形状有纺锤形、圆筒形、椭圆形等，皮色有紫红、淡红、黄褐、淡黄和白色等，块根肉色有紫色、橘红、杏黄和白色等，番

薯的花有紫色、淡红和白色等。近年来，由于尤其是夏季绿叶类蔬菜供应减少的时候，用番薯的嫩茎叶当蔬菜流行，于是发展了一些以采食嫩茎叶为主的专用品种，这类品种的嫩茎叶大都叶柄较短、叶色浅绿，质地脆嫩，纤维较少，炒熟后仍然翠绿，不易变黑变紫。

农残风险

生产上番薯的病虫害主要有象甲、蛴螬和薯瘟病等，一般说来，番薯的块根和嫩茎尖产品的农药残留风险小。但是近年来一些菜农为了防治地下害虫，违规使用一些高毒和药效期长的农药，应该引起注意。

烹调食用

番薯叶当蔬菜，一般炒食，而且通常与蒜头、辣椒丝混炒，用猪油渣炒或用虾酱或豆瓣酱调味，更加诱人，近年来，省港一带餐馆用罐头鲮鱼炒番薯叶，也很流行。值得一提的是，番薯叶特别吸油，提倡健康饮食者必须注意。

护国菜

潮州菜中有一道护国菜，十分有名，是用番薯叶做成的菜羹。传说，南宋的末代皇帝赵昺兵败逃至广东潮州，躲在山里一个庙里，庙里的老和尚见宋帝饥饿万分，但又苦于食材限制，于是用番薯叶为宋帝做了一碗菜羹，十分感激的宋帝食后大加赞赏，于是赐名护国菜，流传至今。现在广州和汕头餐馆的护国菜，用料十分讲究，上汤、火腿、海米、香菇等等，番薯叶已经成了调出菜羹翠绿色调的配角。

番薯是救荒粮食，原产于美洲。明朝期间由海路经吕宋传入华南地区，这是一件功德无量的事情，明朝学者徐光启在《甘薯疏》中说："闽广人赖以救饥，其利甚大"。20世纪70年代初，我和乡亲们为了免于饿死，从地里捡回那种一般猪牛都不吃的，苦辣味的，得过薯瘟病的丢弃番薯，刨丝，水洗（为了减少苦辣味和薯瘟病菌毒素），晒干，磨碎，煮糊充饥救命，期间惨状，至今仍历历在目。

于是我对护国菜这个名称很不以为然。国家的统治者们，确保国民不饿死应该是第一天职，国家兴亡，匹夫有责，但是面如菜色的匹夫又如何去卫国？护国的是人，是吃这种“菜”的匹夫，而不是菜。

先贤早就说过：“人若咬得菜根甘，则百事可做美哉！草木之滋与禁脔竟瘦也，在位君子能知其味，则闾阎之下，菜色其鲜矣。”

穿越时空

写完上文《护国菜》，突然感觉不对，好像时空错乱了一般。

在15世纪后，太平洋岛屿才从美洲传入番薯，1593年，就是明朝万历年间才由福建人陈振龙引入福建、广东，以后徐光启在番薯的推广种植上做了大量工作，番薯这才在中国大陆流行开来。

潮州菜中的护国菜传说，南宋的皇帝赵昺，历史上继位于1278年，同年他从福建兵败入粤逃至潮州。200年后番薯才从美洲传入太平洋岛屿，近300年后潮州才有番薯，1278年潮州的和尚哪来番薯？难道他们会穿越时空？

看香港连续剧《封神榜》，更加令人捧腹。剧中3000多年前的姜子牙无饵垂钓，竟然钓到近百年前才引入中国的非洲鲫鱼！不仅如此，剧中姜子牙还要哪吒他们连种两茬番薯后，才挥兵伐商。姜子牙法术比潮州人好，能把番薯在中国的历史推前近3000年。

看来潮州护国菜的这个传说有误，值得进一步考证，以免以讹传讹。影视作品中胡乱穿越时空也不好，容易误人子弟。

50. 葛

葛是豆科葛属中形成块根供食用的栽培种，多年生缠绕藤本植物，又名粉葛，英文统称Kudzu。葛起源于东南亚、中国和日本，现在中国主要在南方地区分布。

品种类型

现在葛的栽培品种主要有三类：大叶粉葛，叶片大，块根长棒形，皱褶多，淀粉含量高，但是纤维多而粗，多用于制作葛粉用，蔬食的话用来煲汤；小叶粉葛，又称细藤葛，块根纺锤形，皱褶少，纤维少，味甘甜，品质优，蔬用可蒸、炒和煲汤；柴葛，又叫麻葛，块根长棒形，纤维多，蔬用品质差，一般多用于中药加工葛根。此外，各地还有一些地方的葛品种也很出名，如广西的苍梧粉葛，蔬食就很优质。

农残风险

生产上只有少数一些为害葛叶片的害虫，一般不需使用农药，葛的农残风险很小。

烹调食用

葛现在是南方蔬菜，常见的用做汤料，如骨头葛汤、鲮鱼骨头赤小豆葛汤等等，在华南地区广为流行，如果葛的品质好、纤维少、味甘甜，可切片蒸食，也可夹肉片蒸，或者切薄片清炒，也爽脆可口，富有特色。葛粉具有清凉解热作用，用葛粉做甜味小吃也很普遍，如葛粉桂花糕、葛粉杏仁糊等等。

衣食之后

葛的块根民间一般用于制作淀粉，或直接用于充饥、蔬食，葛的嫩尖（茎叶）也可以蔬用。葛的藤蔓古代用来织布做衣裳，称为葛衣。前些年在长江流域就出土过新石器时代的葛衣，中国古代文学作品中葛衣一般指夏天的衣裳或者与布衣同义。《诗经·国风·葛覃》："葛之覃兮，施于中谷，维叶萋萋。黄鸟于飞，集于灌木，其鸣喈喈。葛之覃兮，施于中谷，维叶莫莫。是刈是濩，为絺为綌，服之无斁"。大意是"葛藤枝叶长又长，山谷遍地都生长，翠嫩叶子水汪汪。小鸟展翅来回飞，纷纷落在枝头上，唧唧喳喳把歌唱。葛藤枝叶长又长，山谷遍地都生长，翠嫩叶子多又壮。收割水煮忙又忙，粗布细布分两样，做出衣裳常年穿”。对采葛织布做衣裳的场景描写得十分生动。

新近有研究《诗经》的学者提出，“葛之覃兮，施于中谷，维叶萋萋。黄鸟于飞，集于灌木，其鸣喈喈。”中的谷喻女阴，鸟指男阳，描述的是男欢女爱的场景。这也不奇怪，对古代文献如《诗经》和《楚辞》做类似解读自宋、明以来就很常见，何况葛可食可衣，衣食之后，看来应了那句话：饱暖思淫欲。

51. 豆薯

豆薯是豆科豆薯属中形成块根供食用的栽培种，一年生或多年生缠绕藤本植物，俗称沙葛。豆薯原产美洲热带，在美洲栽培历史悠久，自哥伦布发现美洲大陆后传入菲律宾，后传遍世界各地。现在，我国西南、华南和台湾栽培比较普遍，由于豆薯耐贮运，因此传统上在蔬菜的周年均衡供应中作用甚大。

品种类型

豆薯按照块根的形状分扁圆形、扁球形和纺锤形，按成熟期分早熟和晚熟种。早熟豆薯个头小，品质优，适合蔬用，晚熟种个头大，一般用于制作沙葛淀粉。

农残风险

豆薯的茎叶含有鱼藤酮，是一种天然的杀虫剂，因此生产上豆薯病虫害尤其是害虫很少，一般不需使用农药，豆薯农残风险很小。

烹调食用

豆薯可生吃或炒食。炒食一般切片清炒，也可做滚料，如沙葛骨头汤、沙葛鲮鱼汤，汤味比粉葛的更清甜些。将豆薯切成米粒大小混入狮子头中，既可降低肉腻，又使口感爽脆一些，潮州菜“肉果”就是这样做，也有用马蹄取代豆薯的。用

豆薯加工制作的沙葛粉具有清热解毒的作用，在汕头地区，传统上用沙葛粉制作的“丸子”汤甜品，是消暑的好小食。

孰豆孰薯

豆薯别名有沙葛、凉薯、地瓜、新罗葛、土瓜等等。豆薯英文称Yam bean 。Yam在西方不同地区称呼不同薯类，比如在苏格兰可称马铃薯，在欧洲大陆、美国、加拿大等地可称番薯、淮山和山药等，在中南美洲才较多地称呼豆薯，因此，Yam是薯类一个混合概念。开始我奇怪的是在英文中大家叫豆薯都叫Yam（薯）Bean（豆），几乎没有人叫Bean yam的，逻辑上说后者才是对的啊，还设想语言是先服从习惯后才讲逻辑吧，后来才知道在东南亚，人们广泛地食用豆薯的嫩豆荚（我国采食嫩荚的情况甚少），这样一来是豆是薯或者以哪为主也不能一概而论，也许Yam bean是由东南亚的人先说的吧。倒是汕头话叫豆薯“芒光”或“力缚”，连我这个潮州人也是一头雾水，但是从发音我猜想，可能是来自豆薯从菲律宾传入广东时东南亚的地方语言吧。

52. 黄花菜

黄花菜是百合科萱草属中能形成肥嫩花蕾的宿根性多年生草本，肥嫩花蕾的干制品又称金针菜。黄花菜原产欧亚大陆，我国山地广泛有野生种的分布，中国的黄花菜传统上主产区有甘肃庆阳、陕西大荔、河南淮阳、山西大同、江苏宿迁、湖南邵阳、云南下关等地。

黄花菜在中国的主要栽培种有三个：北黄花菜、小黄花菜和萱草，各地共计50

多个品种，早熟的5月下旬开始就采摘，采收期一般为30～90天。

农残风险

黄花菜主要病虫害有锈病、叶斑病和红蜘蛛等，生产上尤其是规模化生产的一般也使用农药防治，但是黄花菜的农药残留一般很少超标，风险小。

烹调食用

黄花菜可炒、蒸、煮食，或者做汤，一般多与肉类搭配，如猪肉炒黄花菜、蒸鸡肉黄花菜、羊肉黄花菜汤等等。干制品金针菜是采摘饱满而又未开花的黄花菜花蕾，蒸汽杀青后晒或烘干，现在有生产者采摘后将黄花菜泡一下亚硫酸钠溶液，干燥后金针菜呈金黄色，含有二氧化硫，食用前用温水泡洗，烹调加热时二氧化硫一般会消失。黄花菜鲜品中含有较多的秋水仙碱，多食会引起恶心和呕吐，该碱溶于水，遇热分解。秋水仙碱是细胞分裂激素，准备怀孕或怀孕初期者不宜多吃。黄花菜性凉寒，烹调时适合用姜和料酒调配，嫩的呈白黄色的黄花菜茎叶，也可蔬食，俗称碧玉笋，但性更寒，虚寒体质者不宜多吃。

针菜玛利亚

原产于中国的黄花菜，别名多多，如金针菜、忘忧、疗愁、川草、宜男、鹿葱、本忘草、丹棘、鹿剑等等，因为英文称Day lily，因此又称一日百合。

《诗经·国风·伯兮》云：“焉得谖草？言树之背。愿言思伯，使我心痗”，谖草就是萱草，就是金针菜，诗的大意是“到哪去找萱草呢，找到了就种在家里北面，心爱的男人，想你想得忧伤啊”。白居易诗“杜康能解闷，萱草能忘忧”，将萱草与酒并论为解愁之物，这是萱草解愁忘忧的由来。

称呼萱草为母亲花的由来，首先是“焉得谖草？言树之背。”背者，北也，而按照中国古代房子布局讲究，北堂为母亲的住所，其次，曹植在《宜男花颂》中说：“妇女服食萱花求得男”，古代传说已婚妇女佩带和食用萱草以求生男孩，故萱草又称宜男草。

黄花菜细长状如古代之金针，又称金针菜，又有一说，针与贞同音，花又以未开苞的花蕾为佳，所以有黄花（闺女）菜和针（贞）菜的称呼。

这却有些混乱了，但转念一想，可以有处女怀孕产子如圣母玛利亚，为什么不能有黄花菜等同母亲花呢！

53. 霸王花

霸王花是仙人掌科量天属中以花器供食用的栽培种，多年生肉质草本植物，别名剑花、量天尺、霸王鞭等，原产中南美洲，现在热带地区广泛栽培，中国以两广为主要产区，尤其是在珠江三角洲地区，霸王花鲜花干制品是民间家常做汤佳蔬。

品种类型

霸王花是广东特色蔬菜，许多北方人不知所谓，但是霸王花的栽培品种类型的具体情况不要说一般广东人也不甚了了，甚至连相关文献材料也相当稀缺。

农残风险

生产栽培上霸王花的病虫害很少，一般不需使用农药，因此农残风险极小。

烹调食用

霸王花有清热润肺的滋补功效，民间多用来煲汤，猪肺常常是与之搭配的最佳拍档，近年来由于担心猪肺的瘦肉精，另外也是很多人嫌猪肺不好洗，因此改用骨头。在夏天，市场上常有鲜品出售，其余时间多是用干品，与别的汤料不同，霸王花煲汤后作为汤渣的霸王花也很受欢迎，口感滑嫩，值得一提的是，不管干品或鲜品，如果不是特别脏，不要过度冲洗，以免花粉流失，而花粉不仅营养好，又最能带来此汤的特别风味。

进了磨坊都是粉

由于对霸王花的品种类型不甚明了，以至于许多城市人将阳台上栽种的昙花与之混为一谈，昙花与霸王花同属仙人掌科，但昙花属于昙花属，而霸王花属量天尺属，因此将昙花当作霸王花用来煲汤，虽然也未尝不可，但是细细品味之下，味道还是有所不同。近年来火龙果在华南地区发展很快，一些果农将疏果时摘下的火龙果花当作霸王花出售。火龙果与霸王花同科同属，不同种，因此火龙果花与霸王花风味十分接近，如果是干品，购买时只要注意花朵的大小即可分辨，霸王花大概每市斤30多朵干花，而火龙果花干品大概20多朵就一市斤。

霸王花和昙花都是晚上开花，而且花朵开放持续时间短，因此有昙花一现的说法，这也是许多仙人掌科植物的通性。英文称霸王花为Night-blooming cereus，就是夜里开花的仙人掌的意思。与将昙花和火龙果花混为霸王花一样的进了磨坊都是粉的情况是，Cereus是仙人掌的意思，也是一个美国香水品牌，一些香水带有昙花的味道（消费者通常是上了年纪的老男人），也用Cereus命名，但不属于Cereus品牌产品。

54. 竹荪

竹荪是鬼笔科竹荪属食用真菌种群，别名僧竺蕈、竹笙、竹参、竹菌等等，英文称Veiled lady。自然界中竹荪在枯死的竹根上长出，几乎在全球温热带都有分布，我国以西南和长江流域以南地区分布较多，其中以云南昭通地区的竹荪最为出名。我国食用竹荪的历史悠久，但直到30多年前，我国才首次驯化成功，开展了比较大规模的人工栽培，竹荪这才成了大众餐桌上的佳蔬。

品种类型

传统上人工栽培的竹荪有两种，长裙竹荪和短裙竹荪，新近我国驯化了两个新种，红托竹荪和刺托竹荪，也成功人工栽培。值得指出的是，现在分类清楚的竹荪属有十多种竹荪，其中有的如黄裙竹荪有毒，不宜食用，因此自行到竹林采摘竹荪者要小心。

农残风险

人工栽培竹荪主要病虫害杂菌、黏菌病、螨类和蛞蝓等。总体来说，竹荪的农残风险低。

烹调食用

竹荪脆嫩爽口，味道鲜美，自古就是八大山珍之一。我国竹荪菜多是做炖汤、烩菜。清代《素食说略》记载较详：“竹荪，出四川。滚水淬过，酌加盐、料酒，以高汤煨之。清脆腴美，得未曾有。或与嫩豆腐、玉兰片色白之菜同煨尚可，不宜夹杂别物并搭馔也。”值得指出的是，竹荪富含高分子多糖和多糖蛋白，有一定的防癌作用。

面罩、裙子及其他

竹荪的别名多多，僧竺蕈、竹笙、竹参、竹菌等等，除了竹笙，其他都据字可解。笙有三义，乐器、竹席和细小，但三义都与竹荪无关，莫非从《吴都赋》的“桃笙像蕈”转义而来？有待考证。

中国人说竹荪是穿裙子的姑娘，比如说竹荪种类就有长短裙之分。英文称竹荪为Veiled lady，戴面纱的女郎，这就很有趣了，竹荪的菌盖，到底是面纱还是裙子？

不管面纱还是裙子，一般说来都是女士服饰。有人还作诗歌颂了竹荪这位女郎：“面罩白纱体态娜，冰肌玉骨正年华。龙芽白露珠玉顶，风流竹海是侬家。百鸟未鸣日未兴，春风春雨值千金。一朝出土婷婷立，素裹轻装别出状。六月兰汤沐玉身，斜横倩影浪浮沉。清香白嫩银丝体，今古评为席上珍。”

有趣的是，2001年《药用菌类国际期刊》报道，多达一半的受试女性闻到竹荪的气味后更容易体验到性高潮，但是“维基百科”写道，竹荪属物种的长相真的是令人脸红（状如男阳），因此才有如此功效。

55. 黄麻叶

黄麻叶是椴树科黄麻属中一幼嫩叶子为蔬用的栽培种，一年生草本植物，又称甜麻叶、络麻叶和苦麻叶，英文称Jews-mallow，是犹太锦葵的意思，或者 Muludhyya，源自日语，也有人按发音称莫露海芽。黄麻属植物广泛分布在热带亚热带地区，从非洲的埃及到亚洲的印度、孟加拉和我国东南如福建南部、粤东和台湾，甚至日本，都有将黄麻嫩叶蔬用的传统，在我国，潮州地区的菜用黄麻叶非常出名，近年来北方地区广泛引种成功，也有所 发展。

品种类型

黄麻属有40多种，栽培黄麻主要是圆果黄麻和长果黄麻。原本黄麻是直立木质草本植物，可达2米高，黄麻作为农作物是为了利用麻皮生产植物纤维。由于民众将黄麻嫩叶蔬用，演化出矮生品种，近年来福建、台湾培育出一些新的蔬用黄麻叶新品种，国内又从埃及和南亚引进一些蔬用品种，因此现在国内市场上蔬用黄麻品种较多，大致可按叶柄和叶脉红色或绿色分红黄麻叶和青黄麻叶，蔬用品种个人感觉以青黄麻叶好些，蔬用起来黏稠物也少，清爽些。

农残风险

生产上黄麻叶主要病虫害有炭疽病、褐斑病、茎枯病和夜蛾等，一般使用农药不多，农残超标风险低。

烹调食用

黄麻叶味淡微苦，性平凉，有理气止血、排脓生肌、清热解毒和通便等功效。典型的潮州黄麻叶做法，是煮开盐水后加入麻叶烫熟，捞出冷水中，用力挤干水，热足够的猪油爆香蒜蓉，加入麻叶翻炒，加入潮州特产普宁豆酱调味，炒至干身即可上碟。如果没经水灼挤干直接炒食的话，会有一些黏糊糊的感觉，而且苦味会更重些。近年来随着黄麻叶蔬用越来越多，一些人还用上汤做法处理，倒也别具风味。此外，日本和我国一些地方用黄麻叶裹上面糊油炸，做法如天妇罗，也很普遍。

“前母打仔用麻骨”

潮汕民谣《怨你阿爹娶后人》：“正月剪春萝，四娘（排行第四的小姑娘）赶鸡赶鸭去踢拖（去户外溜达）。鸡唔见，鸭又无，后母苦打去跳河。去到河边水青青，嫂今留姑歇一夜。缴（卷）起裙衫乞（给）伊看，虹痕（伤痕）节节尽乌青。虹痕数来五十双，怨父怨母勿怨人。怨你前母太早死，怨你阿爹娶后人！前母添饭一大瓯，后母添饭一匙头，前母打仔用麻骨，后母打仔用柴槽（木棍）。麻骨打仔渐渐化，柴槽打仔毒过蛇。四娘今去沉水头，双鞋脱落目汁（泪）流，四娘受尽后母苦，后母苦死无人留。”

歌谣中的麻骨，是剥去皮的黄麻主茎，以前一般晒干多用于烧火，麻骨轻，容易折断，父母用来打小孩，一般都是吓唬为主，小孩疼是有点疼，但不会造成对身体的多大伤害。这首歌谣与河北民歌“小白菜”如出一辙，唱的都是母亲死得早，父亲又娶了后娘，受尽苦难的小姑娘。

“前母添饭一大瓯，后母添饭一匙头，前母打仔用麻骨，后母打仔用柴槽。”多么富有生活气息的控诉！

56. 槟榔

槟榔是棕榈科槟榔属中通常以采收果实为目的，而本文以嫩花穗和顶芽嫩茎心为蔬食的野生或栽培种，常绿乔木。槟榔原产于东南亚热带和亚热带，我国早在汉代就有相关文献记录，目前以台湾、海南和湖南等地的栽培利用为多，也比较出名。槟榔别名很多，宾门、槟楠等等，槟榔来自马来语Pinang，英文称Areca，是来自源于马来语的拉丁文属名，原来意思是植物流出的汁液。

品种类型

通常槟榔的品种类型指的就是产地、加工方法甚至是不同商家品牌的用于嚼食的槟榔，本人对生物学意义上不同品种类型的槟榔不甚了了。

农残风险

生产栽培上槟榔的病虫害不多，一般不需使用农药防治，槟榔的农残风险极小。

烹调食用

槟榔作为蔬食的部分有二：一是顶芽的茎心，二是嫩花穗。前者一般在是台风雨季节因自然灾害倒下的槟榔树上采食（通常不会因为采收顶芽而砍树，因此几乎每在台风雨后有槟榔树倒下或折断时，台湾肉菜市场上常常有半天笋供应），在台湾，尤其是屏东地区，民众纷纷取顶芽主茎，称其半天笋，用来炖排骨，是清热去火的佳品，我曾经在高雄的一个餐厅吃过类似的汤：瘦肉、半天笋炖汤，炖后去瘦肉，再加热浸熟象拔蚌调味上菜，那种清香、清甜，那种爽脆、嫩脆，无以伦比。二是槟榔的嫩花穗，比起半天笋来，平时采食花穗容易多了，用其炒鱿鱼须，以指天椒和罗勒调味，开胃、爽口，通常菜碟上剩下的是鱿鱼须。

类似槟榔的其他棕榈科植物，我国西南地区如云南等地，也有类似的取材蔬用，当地人称棕苞，就是棕榈科植物的侧芽、花芽或顶部生长点的幼嫩部位，一般用来与腊肉和辣椒混炒。

坏话、笑话和荤话

台湾、海南和湖南等地，民众有嚼食槟榔的习惯，尤以台湾为甚。虽然吃槟榔有两大弊端，一是吃者嚼时随地吐槟榔红汁，初到台湾的欧美人士笑称台湾人就是勤劳，工作到吐血还在坚持，影响环境卫生。二是对口腔癌的担忧（原因包括伴食的碱性贝灰）。但是由于槟榔含有可以缓解紧张和提神的生物碱，常吃还会上瘾，因此许多人乐此不疲，尤其是社会的中下阶层。近年来诟病槟榔的是，由于槟榔巨大的社会需求，前些年台湾人大种特种，甚至在陡坡上也垦林种槟榔，但是由于槟榔的根系浅，加上地震，导致每逢台风雨季节，泥石流泛滥，灾害频繁。上述是在说槟榔的坏话。

由于台湾人爱嚼槟榔，于是穿三点式或更少衣服叫卖槟榔的妙龄女郎，俗称槟榔西施也就应运而生，一些买槟榔吃的人有时会语言和手脚上对西施吃吃豆腐。曾经有笑话说，槟榔西施叫卖槟榔100元三颗，顾客给了100元，吃了一颗，西施就不给了，说，你口里吃了一颗，眼睛吃了两颗。

槟榔果实的青果又叫青子，据说台湾高山族分支部落土话中，青子与女阴同音，因此，民间将槟榔青子广泛应用于社交、祭拜和婚庆仪式。海南岛的黎族和台湾高山族的分支现在还保留着这样的风俗，男方到女方家提亲时的礼物中，槟榔是必备的，而且，装槟榔的碟子也很讲究，有钱人用银碟，没钱的用锡碟，穷人才用陶瓷碟，女方同意的话，女孩会当场取槟榔与男孩一起吃。了解了这个，再听听邓丽君演唱的《采槟榔》："少年郎采槟榔，小妹妹提篮抬头看，他又美，他又壮，谁能比他强。"也许再说就是荤话了。

香艳莫过如此

和槟榔有关的知名文字，香艳莫过于下面两个：

一是李煜的《一斛珠》："晓妆初过，沉檀轻注些儿个，向人微露丁香颗。一曲清歌，暂引樱桃破。罗袖裛残殷色可，杯深旋被香醪涴。绣床斜凭娇无那，烂嚼红茸，笑向檀郎唾。”传统上理解红茸为红色的纺织物，新近很多人解为槟榔，全词描写了一个晨妆后嚼着槟榔啐向顾客的歌妓，李渔说“此倡楼倚门腔，梨园献丑态也”，信然。

二是《红楼梦》第六十四回“浪荡子情遗九龙佩”，贾琏垂涎尤二姐，借机到其家中：“贾琏不住的拿瞟看二姐，二姐低了头，只含笑不理。贾琏又不敢造次动手动脚，因见二姐手中拿着一条拴着荷包的绢子摆弄，便搭讪着往腰里摸了一摸，说道：‘槟榔荷包也忘记带了来。妹妹有槟榔，赏我一口吃。’二姐道：‘槟榔倒有，就只是我的槟榔从来不给人吃。’贾琏便笑着欲近身来拿，二姐怕人看见不雅，便连忙一笑，撂了过来。贾琏接在手里，都倒了出来，拣了半块吃剩下的撂在口中吃了，又将剩下的都揣了起来。刚要把荷包亲身送过去，只见两个丫鬟倒了茶来。贾琏一面接了茶吃茶，一面暗将自己带的一个汉玉九龙佩解了下来，拴在手绢上。趁丫头回头时，仍撂了过去。二姐亦不去拿，只装着不见，坐着吃茶。”

第四章

秋

57. 节瓜

瓜，是葫芦科可供食用果实的总称，包括9个属（含西瓜属）15个种，这里只谈瓜类蔬菜。常见的有苦瓜属、丝瓜属、甜瓜属（如黄瓜）、南瓜属、冬瓜属、葫芦属（如瓠瓜）、佛手瓜属和栝楼属（如蛇瓜）。瓜类蔬菜为短日照植物，喜温暖，不耐低温，畏霜冻，这就是暑天以后进入食瓜季节的原因，《诗经》曰："七月食瓜，八月断壶。"

节瓜是葫芦科冬瓜属的一个变种，一年生攀缘草本植物，食用嫩果，成熟果实也可以食用。节瓜又称毛瓜，在广东已经有300多年的栽培历史，现在华南地区均有生产，是华南特色蔬菜。

品种类型

节瓜按果实形状分短圆柱形和长圆柱形，按栽培适应性分春节瓜、夏节瓜和秋节瓜。春节瓜品种如黑毛种和七星仔，较耐低温，植株早结瓜；夏节瓜品种如黄毛，适应性较广；所有品种的节瓜都可以秋植。

农残风险

生产上节瓜主要病虫害有病毒病、疫病、炭疽病、白粉病、蓟马和守瓜等，尤其是蓟马的防治一般都需要使用杀虫剂，但是如果安全间隔期和采收期调节好，一般说来，结瓜的农残风险还是低的。

烹调食用

节瓜一般多用来煲汤，也可炒食。用节瓜煲汤是富有广东特色的菜肴。与节瓜配合的汤料也丰富多彩，猪的部位可以是骨头、胰腺、舌头、五花肉甚至是猪肺等，其他配料如无花果、杏仁、陈皮、蜜枣和姜块等，一般广东人煲节瓜汤不用鱼来煲，但是如果在汤料中加入两小块墨鱼干，风味也是不错的。

瓜时、破瓜和食瓜

瓜是瓜类植物或果实的总称，西文也有同样的字Gourd。

瓜时，瓜熟之时，大都指秋天，《诗经》曰“八月断壶”。杨万里诗“醉乡何日不瓜时，书圃何朝无菜色”，这里的瓜时，包括了成熟和收获的意思了。古文中用瓜时表示任职期满，等待移交，源自《史记》“瓜时而往，及瓜而代”。

破瓜，旧时文人称女子十六岁为破瓜，如“破瓜年纪小腰身”，很多人误认为女子破瓜为破身，非也，瓜字破开上下两个八字，二八十六也。清《两般秋雨庵随笔》云：“《乐府》中‘碧玉破瓜时，相为情颠倒。’破瓜二字为二八，指十六岁时也。”《谈苑》载张洎诗云：“功成应在破瓜年，后洎以六十四岁卒。破瓜字亦二八也。则此二字老少男女可用之。”看来，破瓜之年十六岁，非女子专用也。

我国有立秋食瓜的民俗，如“帘幕筛凉动玉钩，梧庭溽暑一时收。朱盘底事堆瓜果，晴午消闲迓立秋。”、“送子中秋纪美谈，瓜丁芋子总宜男。无辜最惜红绫被，带水拖泥哪可堪。”等等就是生动的民俗写照。《诗经》云：“绵绵瓜瓞，民之初生。”《清异录》称，瓜中子多，因此民间广泛有食瓜送子的风俗。

节瓜和澳门

几百年来，随着广东人出国谋生，带着节瓜的种子，节瓜也在世界各地开花结果，有华侨的地方几乎都有节瓜的栽培，因此，节瓜的西文也就和广东话一样了：Chieh-qua。

节瓜以嫩果食用，老熟瓜也可食用，一般嫩瓜可切片炒食，老瓜用来煲汤，均为广东人喜爱。区分节瓜的老嫩，可看瓜皮，嫩瓜上被茸毛，成熟瓜茸毛减少，有时着白粉。由此想起葡萄牙女孩，典型的葡国女子，少女时期面部也是布满毛茸茸的细毛，等到变成成熟少妇，细毛脱落，脸部变光滑，自然，也有涂脂抹粉的浓妆者。

由葡萄牙想到澳门，澳门西文称Macao，民间传说葡萄牙人初到澳门，问当地人此为何地，后者听不懂，用当地斗门话粗口反问“什么”，发音颇似Macao，葡萄牙人从此便以Macao称呼澳门。这个很像英国人指着袋鼠问澳洲土著这是什么，土著反问Kangaroo（什么之意），自此西文称呼袋鼠就成了Kangaroo。

由节瓜想到葡萄牙，由葡萄牙想到澳门，心里就像过度成熟的节瓜，酸溜溜的。国人为了生计，离乡背井，带着节瓜种子去他国谋生，于是西文就有Chieh-qua，列强带着枪炮入侵中国，于是西文就有Macao。

都是外来词，但两种国运。这告诉我们，落后就要挨打。

58. 苦瓜

苦瓜是葫芦科苦瓜属中以嫩果为食（东南亚也有食用嫩梢和花的）的栽培种，英文称Balsam pear或Bitter gourd，别名凉瓜，古称锦荔枝或癞葡萄。苦瓜原产亚洲热带地区，700年前我国已有栽培食用苦瓜的记录，《诗经》中的“瓜苦”，指的是甜瓜不甜，并非讲苦瓜，在《诗经》产生的年代我国还没有食用苦瓜的记录，切莫混淆。苦瓜清热、解毒、凉血，是我国南方地区人民喜爱的夏秋季佳蔬。

品种类型

苦瓜品种大都按照果实形状分为长圆锥形和短圆锥形，前者如广东滑身苦瓜，后者如大顶苦瓜。此外，苦瓜果色的深绿或绿白，瓜表面的肉瘤平滑或尖突也是分类依据。在亚洲热带地区，苦瓜的原始野生种也广泛分布，在台湾人们还对野生苦瓜进行栽培并在市场出售，台湾人称之为山苦瓜。

农残风险

苦瓜生产上病虫害有白粉病等叶部病害和瓜蛆等虫害，如果避免农药安全间隔期内采收的话，一般说来苦瓜农药残留超标风险低。

烹调食用

苦瓜富含苦瓜糖甙，已有大量报道其对降低人体血糖有良好的作用。除了当蔬菜食用外，近年来人们开发了苦瓜茶，用苦瓜干煮茶喝，以求降糖保健，尤其是用野生山苦瓜做的干片。顺便说一下，除了山苦瓜外，果嫩、果色深绿、瓜表面肉瘤尖突的苦瓜果实糖甙含量较高，供消费者参考。

苦瓜味苦（苦味源于糖甙），初次食用者如小孩都会嫌苦而不敢下箸，因此，苦瓜的烹调一般宜半素半荤，如广东菜的苦瓜炒牛肉、苦瓜炒鲜鱿，潮州菜的苦瓜丝摊鸡蛋、苦瓜排骨煲（大多加有黄豆和咸菜），客家菜的瓤苦瓜等等。顺便说一下，“瓤”这个字更多场合下被书写为酿，如酿豆腐等，考虑到酿是发酵造酒，将肉末等塞入充满似乎用瓤来表达更加准确，因为如同瓜瓤充满在瓜内一样。

介绍一种改良瓤苦瓜：将苦瓜切成10厘米左右长筒，用小刀小心剔除瓜瓤瓜籽，将半肥瘦的猪肉与海米和香菇剁成肉泥（调味时可加入少许胡椒粉和盐，忌用酱油），瓤入瓜中，置深碗内，加入适量清汤或水，隔水猛火炖一小时即成，亦汤亦菜，甘纯鲜美。

文化杂谈

苦瓜哲学

苦瓜虽然入口味苦，但细嚼下咽后，便有一股清冽的甘味回肠荡气，犹如喝过上等的乌龙茶，回味绵长，令人有不可名状的快感。人生也是这样，赤子呱呱坠地，哭着来到世上，仿佛有无数的苦难在等待着，幸福和快乐也只有在经历和克服了痛苦之后的一刹那，才会感到酣畅淋漓，“不吃苦上苦，难成人上人”说的就是这个道理，白族的“三道茶”，也是一苦二甘三回味。此外，苦瓜虽苦，但是一般说来，苦味并不传给一起烹调的食物，比如著名的广州菜鲥鱼焖苦瓜，鲥鱼的肉就一点也不苦，因此，古人说苦瓜是君子菜，只苦自己，不苦别人。

善待人生，善待他人，学会坚持和等待，尤其是在逆境中，这是食用苦瓜时带给我们的哲学启示。

黄连树上挂猪胆——苦啊

五十多岁以上的人大都知道文化大革命时候的“忆苦思甜”，为了教育年轻人，有时会请老贫农讲述旧社会的苦，老贫农通常是这样开头的：“提起旧社会，那是黄连树上挂猪胆，苦啊”。黄连味苦，猪胆也苦，苦上加苦啊。

鲎鱼是甲壳节肢动物，在南方沿海很常见，食用鲎鱼时的宰杀是一项颇有技术的活，如果宰杀不当，会污染鲎鱼的消化道里头的脏东西，用这样的鲎鱼烹调的食物就会苦不堪吃，因此有潮州民谚“好好鲎，台（宰杀）到屎流”，意思是把好好的事情弄砸了。但就任你技术再好，弄的再干净，用鲎鱼做的鱼汤，未免也是带有一点苦味的，但是那种苦味，苦得美妙，似乎苦味是在加强海鲜的鲜味。一次在汕尾海边吃饭，朋友介绍了鲎鱼汤煮苦瓜、马友鱼块，汤是墨绿色的，味苦，据说加了鲎胆，这样清热解毒护肝，但更苦，苦瓜煮刚刚熟，也苦，但是，马友鱼块鲜嫩，鲎鱼的籽（卵）也甘香，我用心品尝了这道菜，喝一口汤，苦中带出海鲜，吃一口鲎卵，苦中带出甘香，吃一口苦瓜，苦中带出清爽，吃一口马友鱼，苦中带出鲜甜，然后再喝一口汤，妙不可言，一道层次分明很有特色的菜肴。

鲎鱼煮苦瓜汤，另类的黄连树上挂猪胆啊，另类的忆苦思甜啊。

此外，顺便说一句，汤的墨绿色原因之一可能是由鲎鱼比较富含的铜离子所致，由于现在近海受污染，因此鲎鱼含铜多，不建议常吃。

59. 丝瓜

丝瓜是葫芦科丝瓜属中两个以食用嫩果的栽培种，一年生攀缘性草本植物。丝瓜英文称Luffa或者 Sponge gourd，前者也是丝瓜属名拉丁文。丝瓜起源于亚洲热带地区，2000年前印度已经有栽培，传入中国大约有1500年，在我国大都6—8月开始成熟上市。丝瓜适口清甜，宜汤宜菜，是我国夏秋季佳蔬。中医认为丝瓜解毒祛湿，老熟的丝瓜络不仅可做中药，有调节月经功能，还可做洗涤用具。

品种类型

丝瓜两个栽培种为普通丝瓜（L. cylindrica Roem）和有棱丝瓜（L. acutangula Roxb），普通丝瓜又称无棱丝瓜、圆筒丝瓜、蛮瓜和水瓜（过去农家采摘后常常置水上保鲜，故名），果实圆柱形，表面粗糙有浓绿色纵纹，无棱，中国广泛栽培；有棱丝瓜广东人称胜瓜（粤语中丝输同音，广东人忌讳输字，故称），汕头人称角瓜，圆柱形果实上有9~11棱，深绿色，肉质比水瓜稍微结实一些，主要在华南地区栽培。

农残风险

丝瓜生产中常见的病虫害有叶片真菌性病害、枯萎病、疫病、瓜蚜、潜蝇、守瓜和瓜蛆等。一般说来丝瓜农残风险低，此外由于病虫害有棱丝瓜较严重，自然农残风险略高于无棱丝瓜。

烹调食用

丝瓜口味清甜，可汤可菜，大多也半荤半素，可用猪或鱼肉片（丸）滚清汤，做菜可以炒肉片、鱼片、鱿鱼等，炒菜时大多用姜茸、蒜茸等调味。潮州菜的水瓜烙近年来风靡全国，做法大致是用水瓜丝、鲜虾仁、番薯粉等材料做成软摊饼，配点鱼露取食。

介绍一种新潮粤菜清蒸胜瓜：将有棱丝瓜去棱刨皮（注意皮不要刨得太干净，口感更加脆嫩）洗净后切成指头大小的瓜条在盘上摆放整齐，上面均匀铺上一薄层蒜茸（生蒜茸或油炸成金黄色的熟蒜茸），淋上少许花生油，水开后猛火蒸3~5分钟，均匀淋滴上少许鱼露即可上桌。

丝瓜性凉，解毒去湿，除痘疮，此外民间有丝瓜多食败阳的传说。丝瓜藤割断后流出的伤流液古代称为天罗水，有去痘美容功能，可用刨下来的丝瓜皮捣碎挤出汁液自做面膜美容。

文化杂谈

丝瓜无罪

有一荤故事，说有一家人，来了客人，女主人在后院做待客饭，男主人陪客人在客厅闲聊，客人提及吃韭菜壮阳，吃丝瓜阳痿。良久未见女主人出来招呼吃饭，男主人遂回后院查看，只见女主人在后院菜园子里挥着菜刀，一边狠命地砍丝瓜，一边口中念念有词：“砍死你！怪不得死鬼不行，明儿非种上韭菜不可。”

怨妇息怒，刀下留瓜。虽然《本草图解》说丝瓜“多食败阳”，但瓜菜副食而已，不至于因之阳痿。怨妇可做潮州水瓜烙，用温阳的鸡蛋和虾仁来消除丝瓜败阳的猜疑，或者用丝瓜汁液做面膜，以娇嫩的面容对丈夫，怕是“不行”之症也不药而愈呢！

丝瓜无罪。

60. 瓠瓜

瓠瓜是葫芦科葫芦属的栽培种，一年生攀缘草本植物。瓠瓜又称蒲瓜、扁蒲、瓠子和葫芦瓜等，英文称Bottle gourd 或者Calabash gourd。瓠瓜起源于赤道地区，7000多年前非洲和我国已有食用瓠瓜的记录，我国在夏季和秋季时瓠瓜嫩果广泛被作为蔬菜食用，非洲也有将瓠瓜嫩苗和嫩叶当蔬菜的。传统上老熟的葫芦还被广泛作为器用。

品种类型

瓠瓜有5个变种，分别是果实有长有短形状圆筒或葫芦状的瓠子，嫩果蔬用，果肉白色，柔嫩多汁，我国广泛栽培，如长江流域的瓠子和广东青葫芦；果柄细长的长颈葫芦、果形扁圆的大葫芦以及细腰葫芦也是嫩果蔬用，老果器用；以及一般不做蔬食的观赏腰葫芦。

农残风险

瓠瓜主要病虫害有白粉病、病毒病和蚜虫等。一般讲瓠瓜农残风险低，广东地区的青葫芦更是一般不需施药。

新近媒体报道瓠瓜对心脑血管、肝部有保健价值，甚至有抗癌作用，这些还没经大量直接验证，消费者不可全信。但葫芦性平味甘，利水消肿的记载已经有几千年的证实。此外，葫芦含有味道很苦的葫芦毒素（糖苷类结构），会造成人体中毒（症状大多为呕吐、肚疼和头疼，严重可窒息死亡），而且毒素不会受热分解，因此，消费者在食用瓠瓜时如有苦味则不能食用，做菜前可在瓜蒂上切开用舌头试味判断。值得强调的是，近年来瓠瓜种子有混杂苦葫芦的现象，必须引起注意。

瓠瓜填充肠胃，古人说："贫家购此，等同籴米"。传统上瓠瓜大多做炖菜、做汤或者切片炒食。

介绍一种炒瓠瓜条：挑选嫩的瓠瓜（最好是瓜皮可食用的），洗净切成指头大小5厘米长的瓜条，热油爆香蒜米，将蒜米捞出，放瓜条爆炒，放少许盐，混匀，混入熟松子，翻炒上碟。乘热享用，香脆诱人。

女性和生殖

万把年前的新石器时代，我国先人就已经食用葫芦了，在长期的文明进化中，形成了独特的东方葫芦文化，尤其是在女性和繁殖的象征上，更是整个葫芦文化的核心。

葫芦和女性，向来就是太阳底下的竹竿和影子。《诗经》中"齿如瓠犀"就是说美女的牙齿就像葫芦瓜子洁白整齐；现代人用瓜子脸形容美女的脸盘。同样的也常见于葫芦和繁殖：《诗经》中"绵绵瓜瓞，民之初生"；郭沫若认为母字中间两点"象人乳之意明白如画"，但我更相信以下说法：母字源于葫芦，上面一点如郭所说，下面一点是葫芦的下半部，是鼓起的孕妇腹中之胎，整个葫芦就是一位孕妇，与母字的形和义高度吻合，1979年辽宁红山文化遗址出土的新石器时代的红陶葫芦形孕妇就是佐证；闻一多考证过，汉族女性始祖女娲，"称女娲为包娲，以音求之，实即匏瓜"，就是说女祖者，葫芦也。由于女性生殖和葫芦的关系文化背景，于是我国广泛有"食瓜送子"的民俗。

季羡林翻译的印度古诗《罗摩衍那》中有"人们把葫芦一打破，六万个儿子从里面跳出"，看来古代印度也有类似传说。

飘

明朝冯梦龙的《山歌·葫芦》:“葫芦小时生得娇,引得人来日日瞧。相交莫学葫芦老,葫芦老时两开交。东也瓢来西也瓢。”这首山歌有趣味,不仅仅是低级的。

山歌把女孩年轻时候的可爱模样与嫩葫芦比拟,并对因为伴侣的人老珠黄而四出拈花惹草进行了讽刺。末句的瓢,实嫖也,瓢和嫖之间,还有一个飘作为过渡。飘,随风而散也,原来的爱侣散开了,散开了的人去寻找别的伴侣,哪怕是临时的,于是,才有嫖。汉字“嫖”,正是从“飘”发展过来的。

美国著名的小说《Gone With The Wind》,写了女主人公庄园主女儿斯嘉丽的命运,原来汉译《飘》,这是难得的中英文语言本义、主题都十分准确传神的翻译,后来不知是否拍成电影为了推广的原因,翻译成了《乱世佳人》,虽然比较大众化,但是从文学的角度看来,俗不可耐。

依样画葫芦

依样画葫芦,这句成语来自宋朝《东轩笔录》,说宋太祖的文书翰林陶谷,做了长期的文书工作后向太祖要更高的职位,太祖说,翰林捡前人旧本,改换词语,照样画葫芦,没有太多的政绩,不允。后陶谷作自嘲诗云:“堪笑翰林陶学士,年年依样画葫芦。”自此,依样画葫芦便成了形容生搬硬套的成语,类似现代语言Copy(复制)。

纪晓岚《阅微草堂·滦阳消夏录·三》载:東城李某到邻县贩枣,将居停的女主人诱拐回家,到家时发现自己的老婆同时和他人逃了,还庆幸想否则没老婆呢。但是拐来的妇人不乐农家,不久又与一少年潜逃。后妇人的丈夫找上李某门,索要其妻,李某以为妇人已逃,无从对证,不承认。争吵间,邻居说不如问神吧,于是请来村里半仙,半仙吟了一首诗:“鸳鸯梦好两欢娱,记否罗敷自有夫。今日相逢须一笑,分明依样画葫芦”。妇人前夫听了黯然无语,回去了。后有知情者曰:“此妇初亦其夫诱来者也”。添足一句,罗敷是乐府《陌上桑》中歌颂的拒绝引诱的好妇人。

上述故事中的依样画葫芦,除了“Copy”之外,多少还加入了轮回或报应的意义,在一些特定语境,这个用法,也不少见,尤其是古文中,比如《红楼梦》中的“葫芦僧乱判葫芦案”,就有这个味道。

葫芦的“道”理

记得鲁迅先生说过：“中国的根柢全在道教，以此读史，有许多问题可迎刃而解”。我国的道教与葫芦有密不可分的关系，比如，道家炼丹的火炉葫芦状、藏金丹的葫芦，身不离葫芦的铁拐李，是悬壶（即葫芦）济世道人的典型形象，因此民间有俗语“葫芦里卖什么药”。

有一次听美籍华人教授做学术报告，在开场白中教授说，道家哲学的核心内容，全在汉字道中，一阴一阳（道字首上两点）结合在一起（首字中间一横），按照自己（首字中的自）的轨道（道字的走之底）运行，就是道，比如夫妻之道，就是一男一女结合在一起，运行他们的人生轨迹，云云。

听后觉得颇有新意，很受启发。在殷朝的甲骨文中，葫芦记为壶，是象形文字，画成葫芦状，道字中的自，也可以画成葫芦状。道与葫芦的关系也就不言而喻了。

道家的鼻祖老子说：“玄牝之门，是谓天地根”，就是说雌性的生殖器，创造了世界，葫芦象征的就是玄牝，也可以说，葫芦就是天地根。

“能知古始，是谓道纪”。或许，这就是葫芦的“道”理。

61. 蛇瓜

蛇瓜是葫芦科栝楼属中我国主要食用嫩果、嫩叶茎也可蔬用的栽培种，一年生攀缘性草本植物，别名蛇丝瓜，英文称Snake gourd（英文还有一个Snake melon，指的是中国称为菜瓜的另一种蔬菜，很容易混淆）。蛇瓜起源于印度和马来西亚一带，我国热带地区有零星栽培，由于瓜的形状很像蛇，因此内地一些观赏温室也做观赏蔬菜种植。

品种类型

蛇瓜按果实长短分为长蛇瓜和短蛇瓜，按瓜皮色分白蛇瓜和绿蛇瓜。一般说来，长蛇瓜的瓜肉要结实一些，适合炒食，短的适合做汤；白蛇瓜一般表面有白蜡，果肉有少许腥臭味。

农残风险

蛇瓜的病虫害很少，一般不需要使用农药，因此，农残风险极低。

烹调食用

蛇瓜宜汤宜菜，炒菜时多以尖椒混合，做汤时可鱼可肉。用贝壳类水产品沙白清滚蛇瓜汤，清甜开胃，汤做好后适当加入少许胡椒粉，一可去腥味，二也消除蛇瓜寒凉的猜疑。值得指出的是老熟蛇瓜开始变黄、后变红色，这时的蛇瓜味苦，不能吃了。

文化杂谈

蛇鼠一窝

葫芦科栝楼属中还有一个栽培种鼠瓜，我国在西部地区也有零星栽培，鼠瓜的嫩果可以蔬用，老熟的鼠瓜变红，只能观赏或喂猪。鼠瓜酷似拖着长尾巴的老鼠。与蛇瓜一样，鼠瓜也是以果实形象而著名。

当一个瓜棚下同时栽种蛇瓜和鼠瓜，就应了一句形容不好的人聚集在一起的广东俗语“蛇鼠一窝”了。而且，由于蛇瓜和鼠瓜同属栝楼属，近缘，容易串（花）粉，串粉后的后代会引起变异，蛇瓜可由细长变粗短，鼠瓜可由粗短变细长，瓜形也就非蛇非鼠了。

这种生物学上的非蛇非鼠与社会学上广东俗语蛇鼠一窝有惊人的相似，只不过生物上的相互影响出现在下一代，而社会学上的蛇鼠一窝后的社会危害会立马就出现。

独善其身，对瓜和对人都不容易啊。

鲜明对比

写完上文“蛇鼠一窝”，想起南宋《世语新说》载：“王戎有好李，卖之，恐他人得其种，恒钻其核”。是说王戎家有好李子，卖李子时怕别人得到其种子，总是把李子的核钻破。

在美国的许多地方，秋天时经常进行南瓜比赛，谁家的南瓜种得大，就会得到荣

誉和奖励。曾经有一个南瓜冠军，总是把他们家的南瓜种子分给邻居，有记者问难道不怕邻居明年会超过他，冠军说他怕的是邻居的南瓜与他们家南瓜串粉，使得他们家优良的南瓜品种因此变异，虽然大家一样的种子，但可以在栽培技术上进行竞争。

王戎的小气愚蠢和南瓜冠军的豁达聪明，多么鲜明的对照啊。

62. 佛手瓜

佛手瓜是葫芦科佛手瓜属中的栽培种，多年生攀缘性草本植物，别名瓦瓜、拳头瓜等，英文称Chayote。佛手瓜起源于中美洲，大约100年前传入中国，现在我国南方地区有栽培生产，其中以广东省新丰县的佛手瓜为最出名。值得一提的是，佛手瓜的种子离开果实就失去活力，因此繁殖栽种时可用老熟佛手瓜整个果实催芽后栽种，或者扦插。

品种类型

佛手瓜按果实颜色分为白色种和绿色种。前者果实较小、肉白、腥味淡，可生吃，产量较低；蔬菜市场上大多为绿色种，果实较大，单果大多超过50克，肉浅绿色，大多蔬用。

农残风险

生产上佛手瓜白粉病等外病虫害很少，一般不需使用农药防治，佛手瓜农残风险极低。

烹调食用

佛手瓜可生吃、凉拌、炒食、煮食和做汤。夏秋炎热，混有红椒丝、香油、蒜碎、醋的佛手瓜瓜丝凉拌，可口开胃；切片可炒羊肉片，一般也加红椒丝；做汤的话，鲫鱼和鲮鱼都是佛手瓜汤的最佳拍档。

敬畏而不远之

佛手瓜果实梨形，表面有五道纵沟，沟的深浅不同品种不同，外观上看起来像握着的拳头，于是又叫拳头瓜。一些人常常将佛手瓜与芸香科柑橘属的香橼，俗称佛手的混为一谈，后者是制作腌制佛手又称香黄的柑橘类，果实像有很多手指的手，手指的数量不一，但大都多于五个，我国民间有比较浓郁的佛教传统，对不太清楚的东西都冠以佛名，故称佛手。但是佛手瓜果实表面的五道纵沟是稳定的性状，不知为什么也叫佛手瓜。何况，在佛教中，佛的手势大致分为：说法印、无畏印、与愿印、降魔印和禅定印，各自代表不同佛教含义，但手势中也没有一种是做拳头状的。

一般国人对佛，第一态度是敬畏，这是因为我们传统文化中有鬼神的烙印，而且孔子说过敬鬼神而远之。但西方不同，教徒对圣母和基督的第一态度是虔诚。因此哪怕是再愤怒，国人一般不敢也不会对佛大不敬，而在欧洲，尤其是南欧的意大利和法国等地，虔诚的教徒，愤怒的时候对圣母或基督爆爆粗口，也是常见的事。

所以，敬畏而不必远之，大可煮而食之。

63. 黄瓜

黄瓜是葫芦科甜瓜属中幼果具刺的栽培种，一年生攀缘性草本植物，以脆嫩的幼果供食，别名胡瓜，英文称Cucumber。黄瓜起源于喜马拉雅山一带，印度3000多年前已经开始栽培黄瓜，黄瓜进入中国大概有两个途径，一是从喜马拉雅山向中国西南扩散，另外就是汉代张骞从中亚引进（胡瓜就是从中亚引进中国时对黄瓜的称呼，现在我国北方许多地区还保持这个称呼，后叫黄瓜有两个原因，一是传说因为皇帝对胡的避讳而改称，二是因为黄瓜果实成熟后都呈黄色）。现在黄瓜是世界性主要蔬菜，各地广泛栽培。

品种类型

由于历史悠久，栽培广泛，因此黄瓜的类型和品种十分丰富，大致可分为：

南亚型黄瓜：分布于南亚各地，生长要求严格的短日照，果实比较大，皮色浅，瘤稀，皮厚，味淡，我国有版纳黄瓜和昭通黄瓜；

华南型黄瓜：分布于长江以南各地和日本，生长要求短日照，瘤稀，多刺，嫩果绿、绿白、黄白色，味淡，我国有早黄瓜、广州二青、上海杨行、武汉青鱼胆、重庆大白和潮州刺瓜等；

华北型黄瓜：广泛分布于中国、朝鲜和日本，生长上对日照长短不敏感，嫩果棍棒形，深绿色，瘤密，多白刺，黄瓜清香味较浓，传统上我国有山东密刺、北京大刺瓜等，自从天津津研系列开始出现以后，津研成了我国华北型黄瓜的主栽品种之一；

欧美露地黄瓜：分布于欧美，中果型，瘤稀，白刺，味道清淡；

欧洲温室型黄瓜：主要分布于荷兰等北欧国家，耐低温弱光，果型较大，表面光滑，浅绿色，味比较淡；

小型黄瓜：分布于亚洲、欧洲和美洲，植株矮小，分枝性强，多花多果，适合果实较嫩小时采收，传统上我国有扬州乳黄瓜，近年来日本发展了比较大型的小型黄瓜品种，我国民间称呼日本小黄瓜或水果黄瓜的，也很流行。

农残风险

黄瓜生产上主要病虫害有霜霉病、枯萎病、白粉病、疫病、炭疽病、黑星病、细菌角斑病、病毒病、瓜蚜、黄守瓜和斑潜蝇等，大面积生产一般都需要使用农药防治，但是如果将采收期和农药安全间隔期调整好，黄瓜的农药残留风险还是小的。

烹调食用

黄瓜适合生吃、熟食或者腌渍。我国广泛流行的拍黄瓜、黄瓜蘸酱，就是生吃，清炒、炒肉片、做汤就是熟食，还有腌渍黄瓜也是不错的餐前开胃菜。由于黄瓜分布广泛又历史悠久，各地都有各自流行的做法，因此讨论黄瓜的烹调实属多余。值得一提的是拍黄瓜的做法让原本不容易蘸上佐料的黄瓜入味了，这个做法近年来在美国大行其道，好笑的是有些美国人不是用刀面来拍（美国家庭厨房一般没有我们的菜刀），而是将黄瓜整条装入塑料袋后甩打袋子将黄瓜弄碎，当然啦，佐料也根据美国人口味换成奶油、沙拉酱、香草碎或芥末。这里介绍两个潮州黄瓜菜：一个是各地潮州菜馆都流行的鱼鳔（潮州称鱼肚）焖黄瓜，必须是用潮州话称刺瓜或吊瓜的华南型黄瓜，黄白色中果型，皮厚，食用时须去皮和瓜瓤，是否用地道的吊瓜，几乎成了判断餐馆是否地道潮州菜馆的标准；另一个是蒸瓤吊瓜，将吊瓜去皮，切成5厘米长段，用小刀取出瓜瓤和瓜籽，将虾米、香菇和肉末混合后瓤入瓜中，置深碗内，加入适量的清汤或水，猛火蒸40分钟，食用前用盐和少许芹菜碎调味，喝汤吃瓜，清甜柔嫩。

人比黄瓜瘦

黄瓜性味甘凉，具有除热、利水和解毒功能。特别值得指出的是，黄瓜富含丙醇二酸，这种物质在体内代谢中可以抑制糖类转化成脂肪，从而具有减肥功效，此外，黄瓜的细纤维有助于肠道排出毒素，具有美容功效，因此黄瓜受到爱美喜欢苗条的女士们的青睐，甚至利用黄瓜制成的洗涤品和化妆品也很受欢迎。想瘦身的美人们对黄瓜的喜爱，似乎使人觉得李清照的“人比黄花瘦”应该是“人比黄瓜瘦”才对。

冯梦龙在《山歌·黄瓜》中描写美人和黄瓜的另类关系：“黄瓜生来像姐儿，只为你聪脆清香，括搡子渠，一碟两碟，千丝万丝，蒜来伴你，想是爱吃醋的。姐道郎呀……如今水溜溜软倒做一堆。”山歌中的角色和动作都暗转为性事，懂吴语的人自然全明白，但是低级庸俗，有些淫秽，实在不便全文照录和进行讨论。

64．南瓜

南瓜是葫芦科南瓜属中叶片具白斑、果柄五棱形的栽培种，一年生蔓性草本植物，别名番瓜、倭瓜、饭瓜等，英文称Pumpkin。南瓜起源于中南美洲，14世纪中国就有文献记载，现在我国各地均有栽培生产，叫法也五花八门。南瓜是世界性蔬菜，分布广泛，食用果实，作菜或馅料，我国很多地方也食用嫩苗，当绿叶蔬菜用。

品种类型

南瓜品种丰富，分布广泛，因此分类比较混乱。可按果实形状分为两个变种：圆南瓜和长南瓜。圆南瓜果实扁圆或圆形，果实表面有纵沟或瘤状凸起，果实深绿色、橙色或褐色，或有斑纹，如湖北的柿饼南瓜、甘肃的磨盘南瓜、广东的盒瓜等；长形南瓜果实长，头部膨大，果皮绿色、褐色为主，有斑纹，如山东长南瓜、江苏牛腿南瓜等，国内南瓜现在流行的密本南瓜，也是长果形南瓜。近年来从国外引进的可做蔬菜的南瓜品种很多，如小南瓜和温室栽培专用南瓜。

农残风险

南瓜主要病虫害有角斑病、白粉病、炭疽病、枯萎病、病毒病、蚜虫和粉虱等，传统上生产南瓜很少使用农药，现在大面积规模栽培尤其是温室生产，一般都还是需要使用农药，但是南瓜的农残超标风险低。

烹调食用

南瓜分布广泛、历史悠久，因此食用方法多种多样，可做菜、做汤、做馅料、做点心。在我国，当蔬菜时煮食是最为广泛的，南瓜蒸排骨、烤猪肉烧南瓜也是不错的搭配。中国古籍说南瓜不能与羊肉搭配，主要是因为南瓜性温而羊肉大补，担心过于温补，其实不必过度担心。近年来由于高血糖的人日增，南瓜含有的微量元素金属钴和多糖对此有辅助疗效，因此南瓜从贫家购此，等同籴米的瓜果类蔬菜变成了蔬菜中的宠儿。

两节一瓜

南瓜是美国和加拿大感恩节节日的必备蔬菜，是因为早年印第安人曾经向白人提供过南瓜救荒，因此感恩节的南瓜的含义主要就是感恩。

而万圣节源自北欧的祭奠拜谢各种亡灵和诸路神鬼，因此万圣节又叫鬼节。南瓜在万圣节中大放异彩，作为面具、玩偶，最常见的是掏空南瓜做南瓜灯，节日里家门口挂有南瓜灯的，别家小孩就可以上门要糖果。

南瓜灯英文称Jack-lantern。爱尔兰传说以前有个叫Jack的人，平时爱恶作剧、酗酒，一天他将恶魔哄上了树后在树上刻了十字，这样恶魔就下不了树，他要恶魔保证他自己以后不再胡作非为，才让恶魔下树。Jack死后，他的灵魂既上不了天堂，也下不了地狱，于是成了在地上游荡的幽灵。后来，爱尔兰人把胡萝卜掏空，里面放置一个小蜡烛，意思是在黑夜里引导Jack的灵魂，再后来，美洲的人们用南瓜取代胡萝卜，这就是南瓜灯的由来。

于是南瓜在万圣节中的意义，主要就是心里亮堂，灵魂有光明指引。

两个节日中南瓜共同的寄意是温暖而富有质地，准备过冬，因为节日都在秋末冬初。

65．西葫芦

西葫芦是葫芦科南瓜属中叶片具有较少白斑，果柄五棱形的栽培种，多以嫩果炒食或做馅料，也有一些专门采收瓜子。西葫芦别名小瓜，英文称Summer squash。西葫芦原产于美洲，引入中国不足200年，现在世界各地都有分布，以欧美最普遍。

品种类型

西葫芦按照植株性状分为矮生和蔓生两大类。矮生类型早熟，主要有花叶西葫芦、站秧西葫芦和一窝猴西葫芦等传统品种，这些传统西葫芦的共同特点是果实比较大型，一般单果500克以上才采收，近年来从国外引进了一大批矮生西葫芦品种，果实小型，大都单果100克就采收，果皮颜色丰富多彩，有黄色（又叫香蕉西葫芦）、绿色、紫色等等，果实品质比传统的更好，但是生产上更加感病毒病，产量也低。蔓生西葫芦比较晚熟，生产上一般需要搭架引蔓，单果大都超过一千克，果色大都灰白色，产量较高但品质一般，如北京的长西葫芦和甘肃的扯秧西葫芦。

农残风险

西葫芦生产上主要病虫害与南瓜相同，近年来引进的矮生西葫芦的病毒病是困扰菜农的最大问题，为了防治病毒病，菜农会更加重视传病媒介蚜虫的防治，因此采收期和杀蚜虫的农药安全间隔期必须合理调配。一般说来，西葫芦的农残风险低。

烹调食用

西葫芦大多是炒食，也有做馅料的。炒食时如果是大果西葫芦，一般需要去皮去瓜瓤，近年来新引进的小果西葫芦如香蕉西葫芦等，不需去皮瓤。炒西葫芦可清炒，也可与肉片混炒。一般小果型西葫芦切条，干炒，追求香口、爽脆，如黑椒牛柳西葫芦等。嫩小西葫芦切小指大小3厘米长条，猛火热油快炒（切忌炒过火候），混盐，上碟前混入橄榄仁，香口爽嫩，可惜现在橄榄仁不好找，但是用松子也是不错的选择。大果西葫芦切片，湿炒，追求嫩滑，如肉片炒西葫芦。

文化杂谈

搅 瓜

蔓生西葫芦还有一个兄弟，搅瓜（Cucurbita pepo L. var. medullosa），是西葫

芦的变种。搅瓜在我国的长江口一带分布比较广泛，成熟后单果一般1千克大小，瓜肉呈一丝丝的米粉条，食用时一般整瓜蒸熟，破开，去瓜籽和瓤，用手指搅动瓜肉，即可掏出细米线大小的细长条瓜肉供食，因此叫搅瓜。近年来有餐馆用高汤调配搅瓜丝，称素鱼翅，因此又将搅瓜称为鱼翅瓜。这种做法和叫法，俗不可耐。贫民蔬食瓜菜搅瓜与富家珍馐鱼翅相去甚远，搅瓜最朴实的做法是蒸熟，掏出瓜丝后控干水，冰激，用芝麻、香油、醋、蒜和酱油做凉拌菜，爽脆、开胃。何苦胡搅蛮缠做什么鱼翅，叫什么鱼翅瓜，真是搅瓜！

66. 冬瓜

冬瓜是葫芦科冬瓜属中的栽培种，一年生攀缘性草本植物，主要以果实供蔬用，少数地方如东南亚等地也食用嫩茎叶。冬瓜别名白瓜、水芝和枕瓜等，英文称Wax gourd。冬瓜起源于中国和印度，秦汉时期的古籍就有冬瓜的记载。虽然冬瓜已经传遍全球，但是生产还是以中国、东南亚和印度为主。

品种类型

冬瓜按照果型大小可分小果型和大果型冬瓜，按成熟的迟早分早熟种和晚熟种，按果皮蜡粉的有无分粉皮种和青皮种。小果型冬瓜大都早熟，果形圆、扁圆和长圆形，果重2~5千克，主要品种如北京的一串铃、四川的五叶子和南京的早冬瓜等。大果型冬瓜大都晚熟，一般单果重10千克以上，果形圆柱形，如广东的青皮冬瓜、灰皮冬瓜、牛脾冬瓜，湖南的粉皮冬瓜，江西的扬子洲冬瓜，台湾的白壳大冬瓜等。

农残风险

生产上冬瓜的主要病虫害有病毒病、疫病、炭疽病、白粉病、蓟马、守瓜和潜蝇等，虽然生产上有时也会使用农药防治，但一般说来冬瓜的农残风险低。

烹调食用

冬瓜味甘性微寒，中医讲究可清热化痰、利尿消肿。冬瓜耐储运，因此除了夏秋两季外，冬春也可供应，是周年供应蔬菜。冬瓜可汤可菜，做菜可焖鱼、肉和清焖，做汤可与骨头、鱼、鸭子搭配。老鸭煲冬瓜是广东颇为流行的暑秋佳汤，鸭子切大块，用油爆香姜片，放鸭块加入料酒爆炒一下，放入砂锅中，加切成3厘米见方的冬瓜块、一片陈皮，水要一次加足避免煲的过程中添加水，猛火煲开，撇去表面泡沫，文火煲两小时即成。广东人煲冬瓜汤，一般多与薏米同煲，祛湿，也会加入一点陈皮，风味更佳。比较名贵一些的做法是冬瓜盅，现在小型果冬瓜供应充足，家庭做冬瓜盅成为可能，冬瓜盅中的排骨、瑶柱、火腿、香菇、虾米、姜和陈皮等这些配料与袁枚在《随园食单》中说的：“冬瓜之用最多。拌燕窝、鱼肉、鳗、鳝、火腿皆可”，原则上大致相同，按个人口味选择上述配料放置入去瓜瓤和瓜籽的小型冬瓜中，加入适量水或高汤，盖上瓜盖，猛火蒸一个小时，在家里也可以享受冬瓜盅了。

冬瓜的童话

20世纪70年代末，到广州读书，每逢蔬菜淡季，学生饭堂的素菜多是焖冬瓜，说来也怪，在大学阶段似乎已经吃怕了的冬瓜，我现在还依然很是喜欢吃，可能由于以下几件听来好像童话的事：

20世纪80年代初，去东北一个地级市出差，接待的主人请吃饭，很是热情，山珍野味摆满了一桌，饭饱酒足之余，主人郑重其事地说，还有一菜没上，是刚从你们广东引进的南方特菜，及至端来一看，是清水冬瓜，物以稀为贵，特别是在那个改革开放初期鸟语花香（粤语流行）的时代，我十分感谢主人的殷勤。

一次在广州广卫路一个大排档吃饭，看到例汤是“白玉青龙汤”，于是要了一例，原来是清水冬瓜汤，上面漂着一条蕹菜！哭笑不得之下不得不佩服老板的小聪明。

还有一次也在广州吃饭，要了“小家碧玉”冬瓜汤，乡村做法，地道潮味：打碎花生米与连皮冬瓜同煲，上菜前加入少许冬菜和葱花，名副其实，小家碧玉。

最奢侈的一次是在一个会所吃饭，饭后甜品：冰镇燕窝冬瓜盅！将小冬瓜切开一盖，掏净瓜瓤、瓜籽，将发好的燕窝放入冬瓜中，加入冰糖块，不用加水，盖上瓜盖，猛火蒸40分钟，取出，用铁勺刮下适量的冬瓜肉与燕窝混匀，盖回瓜盖，置凉后放冰箱，上菜时整盅上，看上去端庄大气，吃进口柔嫩清甜。会所师傅告诉我："如果是冬天来吃饭，不用冰镇，直接上热品，也是很好的。"

67．番木瓜

番木瓜是番木瓜科番木瓜属中以果实为产品的栽培种，多年生常绿软木质小乔木，别名木瓜、乳瓜和万寿果，英文称Papaya，是照日本语称呼。番木瓜在世界热带地区分布较广，原产于墨西哥，以夏威夷番木瓜为最出名，我国大约300年前传入（也有一说唐宋时期就传入的），主要分布于华南和台湾地区。

品种类型

我国的番木瓜传统上是岭南种当家，岭南种是番木瓜传入华南地区后由华南地区选育而成番木瓜品种总称，近50年来广东又选育出"穗中红""美中红"和"优"系列品种，近年来由于防治花叶病的需要，又选育出一系列抗木瓜花叶病的新品种，包括一些转基因品种。此外，从美国和台湾等地新近引入的品种也很多。

农残风险

生产上番木瓜的主要病虫害有花叶病、炭疽病、根腐病、白粉病、蜗牛、蚜虫和螨类，虽然往往需要使用农药，但是农残风险低。

烹调食用

番木瓜是世界知名水果，番木瓜富含蛋白酶，有助于消化，番木瓜还有抗菌抗寄生虫作用，维生素尤其是维生素C含量丰富，因此被誉为水果之王，岭南传统四大名果之一。传统的广东人将青的番木瓜作为蔬食，一是煲汤，二是炖菜，三是腌制酸番木瓜条做开胃菜。西南地区的人喜爱用绿色皮远未成熟的番木瓜切丝做凉拌

菜，通常混入柠檬汁、醋、糖、酱油、香油、罗勒、指天椒、芝麻、盐，泰国、越南等地甚至加入鱼露，也都非常可口开胃。近年来用成熟的番木瓜对开，去籽，放入鱼翅、燕窝等高档食材烹调的，也很流行。

木瓜正传

木瓜是蔷薇科小乔木，又名光皮木瓜、铁脚梨，只是果实为椭圆瓜形而名之，多在长江流域以北地区野生或人工栽培，与番木瓜相去甚远。木瓜果实性味温酸，一般煮熟或蜜饯后才能食用，《广群芳谱》说“醋浸一日方可食，生不堪啖”。木瓜也可制成果酱或与大米煮粥，据说有平肝和胃，去湿活络的功效。

《木瓜》是《诗经·卫风》的名篇：“投我以木瓜，报之以琼琚。匪报也，永以为好也。投我以木桃，报之以琼瑶。匪报也，永以为好也。投我以木李，报之以琼玖。匪报也，永以为好也。”今人出版《诗经》，注解多有不求甚解者，如“送我一个木瓜（桃、李），赠你一块美玉”。《诗》中的木瓜，如果是木瓜的话，木桃、木李又是何方神圣？这是在诉说男女间相互答赠，表示衷情，按诗里的意思，以木为瓜、为桃、为李，假果也，属于不可食不可用之物，大有滴水之赠，当涌泉相报的意思，诗歌描述男女恋爱中有恋爱意思的一方等着另一方的示爱，诗的大意是“赠我一个假果，我送美玉给他（她），这不是报答，我要娶到（嫁给）她（他）”。

2500多年前孔子在《论语·阳货篇》中说：“小子何莫学夫诗？诗，……多识于鸟兽草木之名”，看来不是假话。

有人将《木瓜》的“投我以木瓜”与投桃报李混为一谈，也欠妥，投桃报李处之《诗经·大雅》：“投我以桃，报之以李”，只是单纯地比喻相互间的答赠往来。

木瓜别传

木瓜和番木瓜相去甚远，但是国内现在几乎都称番木瓜为木瓜，虽然不妥，但是语言还是要服从习惯。想想也是，广东人可以称菠萝蜜为树菠萝，为什么不能称万寿果为木瓜呢。

番木瓜性味甘平，有“主利气、散淤血、疗心痛、解热郁、通乳汁”的功效，蜂蜜炖番木瓜还是广东一带滋阴润肺的民间验方，民间广泛用鲫鱼炖番木瓜食疗产妇乳汁过少，不仅由于以形补形，而且由于番木瓜植株伤流液如乳汁，民间以为番木瓜是神形兼备的发奶品。

番木瓜富含蛋白酶，用来炖肉，有助于肉吃上去更加柔嫩，市场上销售的嫩肉粉，就含有木瓜蛋白酶。在丰乳广告漫天飞的今天，番木瓜还被广泛传说是不可多得的丰乳佳品。对于追求丰满身材的女性来说，新鲜牛奶和成熟番木瓜混合而成的木瓜奶，真的是值得推荐的丰乳饮品。

68. 芋

芋是天南星科芋属中能形成地下球茎的栽培种，多年生草本植物，作一年生栽培。芋别名芋头、芋艿、毛芋，英文称Taro。芋起源于亚洲南部，世界各地都有分布，我国的栽培食用历史悠久，《汉书》中称为蹲鸱。

品种类型

芋分为叶柄用芋和球茎用芋两个变种。前者以涩味淡或无涩味的叶柄为主要产品，如广东的红柄水芋和四川的武隆叶菜芋。后者以采收球茎为主，又分为魁芋、多子芋和多头芋三类，魁芋的母芋大，产量占球茎重量的一半以上，芋头质地较粉，魁芋中著名的是槟榔芋，槟榔芋中以广西的荔浦芋、台湾槟榔芋为最出名；多子芋类型的子芋多，一般芋头品质较黏，又分旱生（如广东白牙芋、福建青梗无娘芋）、水生（如宜昌白荷芋）和半水生（如长沙乌荷芋）；多头芋球茎丛生，母芋、子芋和孙芋块头差别不大，一般多头芋为旱芋，如华南九头芋等。

农残风险

芋头生产上主要病虫害有软腐病、疫病、斜纹夜蛾和蚜虫等，使用农药防治少，芋头的农残风险低。

烹调食用

芋头味甘性平，亦粮亦菜。油炸、焖煮和蒸食，与肉搭配的如知名的芋头扣肉，与鱼搭配的如鱼头煮芋，与板鸭搭配的如板鸭焖芋，等等。芋头切不可生吃，要充分煮熟，否则会导致喉咙发痒，清洗削皮时也常常导致接触的手发痒（通常用热水冲洗痒处即可消除）。值得一提的是传统叶柄用芋的叶柄，通常是晒干做干菜的多，柔嫩清甜，是夏秋季节华南地区叶菜少时很好的菜蔬。

煨　芋

多年前一个冬天回乡下探亲，乡下人有早睡的习惯，有一个寒冷的晚上，十点来钟，已经是万籁俱寂，百无聊赖的我正用炭火烧水泡工夫茶，看到墙角有一小堆芋头，灵机一动，找来几个子芋，坐在炭炉边烤起芋来。一时间，屋里弥漫着茶香、炭香和芋香，安静迷人，只有小水壶水开时轻轻地呼叫和炭火喷出小火星的声音。刹那间，郑板桥“闭门挑灯煨芋，灯尽芋香天晓”的诗句跳入脑海，心情安然怡静，甚至似乎明白了老子的“至虚极，守静笃”的语境。

每一座城市都有独特的风味小吃，如北京的烤白薯、乌鲁木齐的烤羊肉串、香港和广州的牛杂、巴塞罗那的灰盐炒板栗、巴黎露天咖啡吧的浓香咖啡、北海道函馆的烤海鲜，等等，品尝这些小吃，体验各城市的味道，不亦乐乎。

后来有一次在广州一个街头煨番薯摊档，看见了煨芋头，心一动，买了一个，剥开芋皮，虽然芋香依旧，但是空气中夹着汽车尾气、人体汗臭、廉价香水，耳边充满马达、喇叭和如潮叫卖，顿时胃口大倒，将煨芋塞进垃圾桶一走了之。

任何食品，不管大吃小吃，除了色香味、营养等外，吃的环境也是相当重要。吃煨芋，要体验郑板桥，城市街头实在是不甚合适。

芋头煮田鸡

切指头大小的芋头与等量的清汤或水煮熟，加入用料酒、姜片、盐和花生油腌

过的宰杀切块田鸡，煮开一分钟，撒少许胡椒粉，即可上桌：芋头煮田鸡，口感清香鲜甜，做法简易方便。

田鸡众所周知，就是青蛙，潮州人叫水鸡，是昆虫的天敌，时下肉菜市场上的田鸡是人工饲养的虎蛙，野生田鸡已不准捕食。半个世纪以来，随着环境的恶化，昔日田间常见的田鸡日渐稀少，似乎1962年美国卡尔女士的著作《寂静的春天》（被誉为20世纪最有影响力的20本科普著作之一）中描述的春天旷野没有蛙鸣虫叫的寂静景况已经来临。于是人们将青蛙锐减的罪魁归于大量使用的农药化肥。几年前，美国有科学家，利用几个防（或不防）紫外线的大罩子和一台解剖镜，发现旷野中防紫外线罩子里头青蛙的畸形和不育率极其显著地低于不防紫外线的，由此得出结论，导致旷野中青蛙锐减的主要原因，应该包括臭氧层的破坏使阳光中紫外线的增强。

这种用最简单的仪器设备和试验方法得出来的科学结论，最令人可信。解决问题的最简单方法往往就是最好的方法，做学问如是，做菜也如是。青蛙罩子试验和芋头煮田鸡，都是例证。

食芋的三种人生哲学

有社会学家将人生归于三种哲学：生物哲学、竞争哲学和艺术哲学，前者像其他生物一样生存，第二种认为幸福就是竞争的成功，后者对待生活是艺术的、超脱的。其实，人们食芋的情形，大致也可以分为上述三种类型。

亦粮亦菜的芋头，“一事两用，何俭如之？贫家购此，同于籴粟”（李渔语）。以前在青黄不接饥肠辘辘之际，虽然早稻尚未可收割，但是冬种的番薯芋头已可收获，因此潮州有民谚“河溪（指天上银河系星云）对嘴，番薯芋仔食到畏”。此时农夫下地之前可以先吃上一碗芋头汤，带上几个蒸芋头充饥。芋头的这种吃法，只有人生最基本的生存意义：生物学上的意义。

人们利用芋头做的菜和食品，五花八门：如现在广为人知的芋头扣肉、潮州芋泥、潮州反沙芋（颇似《西游记》中唐僧取经返国后，唐太宗在东阁设宴欢迎时的“糖浇香芋”）、芋头糕等等，古代苏东坡的芋头羹和袁枚的芋羹、芋头煨白菜和芋粉团，还有香芋雪糕、芋头酥等加工零食，社会上竞争中的芸芸众生，选择上述众多芋头食法，人也竞争，芋也竞争。

艺术人生者的芋头食法，除了难得糊涂的郑板桥“闭门挑灯煨芋，灯尽芋香天晓”外，要数明朝陈继儒在《小窗幽记》中的“累月独处，一室萧条，取云霞为伴侣，引青松为心知。或稚子老翁，闲中来过，浊酒一壶，蹲鸱一盂，相共开笑口，所谈浮生闲话，绝不及市朝。客去关门，了无报谢，如是毕余生足矣。”文中蹲鸱，即是芋头，因为芋头状如蹲伏之鸱鸟也。如此食芋，岂不艺术人生哉。

中秋食芋思统一

中秋节是我国的传统节日。《解文说字》谓秋“禾谷熟也”，中秋正值收获之际，先秦以降，家家户户感恩拜月，答谢保佑，于是有了赏月、拜月和玩月的中秋节。

月饼和水果是中秋赏月所必备的，在许多地方，过中秋还离不开芋头。芋头可蒸、炸，也可做芋泥和甜汤，这些芋头食品均是中秋节常见的祭品，包括台湾在内的许多地方也是这样。但是一些台独分子挑拨离间，称大陆人为“老芋仔”，自称番薯仔（说大陆人为芋头仔据说是1949年去台国军的发型颇似芋头，而台湾人自称为番薯仔是因为台湾地图状如番薯），挑拨芋头和番薯的矛盾。

白居易的“西北望乡何处是，东南见月几回圆”让在台湾老兵感慨万分，全体国人盼望着韩愈的“三秋端正月，今夜出东溟”的意境：一朝九州统一日，中秋食芋月更圆。

69. 魔芋

魔芋是天南星科魔芋属中的栽培种群，多年生草本植物，作一二年生栽培，古名蒟蒻，英文叫大象脚薯或大象芋头：Elephant-foot yam或者Elephant taro。魔芋起源于东印度和斯里兰卡，我国2000多年前的《史记》已经有记载，1500多年前传入朝鲜和日本，目前我国的西南地区和长江流域中游栽培较多。

品种类型

魔芋属有100多个种，我国生产栽培的有6个种，如花魔芋和白魔芋等。普通消费者一般多购加工品食用，如自行采购魔芋芋头制作食品，宁愿选择芋头个头小一点的（单芋小于一市斤的），可能品质好些。

农残风险

魔芋生产上主要病虫害有白绢病和软腐病等，一般很少使用农药，农残风险很低。

烹调食用

魔芋的块茎含有40%以上的葡甘露糖（此糖为由两个甘露糖和一个葡萄糖组成的长链高分子化合物），膨胀率高，黏着力强。块茎还含有淀粉（有一定毒性，须用石灰水等碱性溶液漂洗后方可煮食或酿酒）和丰富的水溶性纤维素。魔芋一般多加工为魔芋豆腐或者魔芋粉丝烹调食用，因此，烹调方法也大都和豆腐和粉丝一致。

魔

传说古代的人们由于魔芋的食用处理方法不当，引起中毒，因此说是芋头中了魔，必须驱魔，并用魔法处理方可食用，对于神奇的东西古人多归因于魔鬼，因此称魔芋。另一说法，魔芋来自磨芋，因为古人将魔芋的块茎磨碎加工处理后食用，叫魔芋为磨芋。英文叫大象脚薯或者大象芋头，倒是十分形象贴切。

我国民众大都相信魔芋的食疗功能，比如清血、降血脂、降胆固醇、消肿、通便等等，新近又传说防癌功能显著等等。1500年前魔芋传入日本后，日本人特别推崇魔芋，甚至后来日本人强制要求中小学生配餐中要有魔芋。再后来，联合国相关组织将魔芋划入全球20种防癌食品。于是，魔芋也似乎魔法无边，魔力无限。

魔芋食品，豆腐也好，粉丝也好，口感确实不错，Q，弹牙，追求口腔触觉的

食客大都有体会。那些食疗功能的科学基础，充其量也就是水溶性纤维和葡甘露糖有助于在消化道中带出残渣和毒素，除此以外，未见其他更加具体的报道。因此，不必太过强调魔芋的食疗功能。

心里无魔，魔芋就是磨芋罢了。

70. 莲藕

莲藕是睡莲科莲属中能形成肥嫩根状茎的栽培种，水生草本植物。莲藕英文称Lotus root。莲藕起源于中国和印度，2500年前的《诗经》有“彼泽之陂，有蒲与荷”的诗句，2000年前的《尔雅》对莲藕做了细致的描述：“荷，芙蕖。其茎茄，其叶蕸，其本蔤，其华菡萏，其实莲，其根藕”，1500年前《齐民要术》的“种藕法”还对莲藕的生产栽培方法做了记述。现在我国各地、亚非地区也广泛栽培生产，但是在欧美，莲藕多作为观赏植物栽培。

品种类型

按照产品器官利用价值分为藕莲、子莲和花莲。藕莲根状茎肥大，肉质脆嫩味甜，少开花或者不开花，各地都有藕莲的地方优良品种，早熟的大都为浅水藕，有苏州花藕、湖北六月报和广州的海南洲等，中晚熟的大都为深水藕，如苏州的美人红、湖南的泡子和广东的丝苗等等。子莲以采收莲子为主，莲子大、结子多，藕细小而硬，肉质色灰品差，大都是深水晚熟类型，如湖南的湘莲、江西的鄱阳红花和江苏的青莲子等。花莲供观赏和药用，子少、藕细小、品质劣。

农残风险

生产上莲藕的主要病虫害有镰刀菌引起的腐败病（多采用轮作防治不用农药）、蚜虫和斜纹夜蛾等，莲藕产品的农残风险很小。市场上个别菜贩为了追求卖相，防止莲藕皮变褐色，在清洗莲藕时采用一些化合物，倒是安全隐患。

烹调食用

藕可生吃、炒食、做汤、腌制咸藕、制作蜜饯糖藕。《随息居饮食谱》记载：“藕以肥白纯甘者良。生食宜鲜嫩，煮食宜壮老”。李时珍的《本草纲目》记载：“藕可交心肾，厚肠胃，固精气，强筋骨，补虚损，利耳目，除寒湿，止脾泄”。因此长期以来国人广泛喜爱莲藕，尤其是莲藕汤，各地创造了很多各有特色的搭配，比如猪骨头莲藕汤（加入一两小块墨鱼干同煲，风味更佳）、猪脚莲藕汤、老鸭莲藕汤和莲藕鸡汤等等，莲藕煲汤是以整节莲藕削皮但不切块煲为好，食用前再取出切块，莲藕的鲜味更浓。切片炒食的话，辣椒、花椒、醋、糖等配料选择多样。用鱼肉滑、虾肉滑、猪肉碎等瓤藕，也是不错的方法。

美人香藕

江苏有一个莲藕品种叫美人红，由莲藕至美人的联想，再恰当不过了。

“小荷才露尖尖角”，犹如情窦未开的纯情少女；“映日荷花别样红”，就是风华正茂的妙龄女郎；“荷池零落雪花飘”，则是风烛残年的老年美人。美人与莲藕的老中青三结合，如诗如画。“红袖口处香藕露”，讲的是美人的纤纤玉手；“云鬓应节低，莲步随歌转”，莲步，美人的脚步，美人和香藕，肢体动作如此直观之余，还有“低花乱翠影，采袖新莲香”的动人神韵。

“既觅同心侣，复采同心莲”“牵花怜共蒂，折藕爱莲丝”，美人对爱情的追求，如觅并蒂莲，离开心上人，犹藕断丝连。明朝冯梦龙的《桂枝儿》有“荷”：“荷叶上露水儿珍珠现，是奴家痴心肠把线来穿。谁知你水性儿多更变。这边分散了，又向那边圆。没真性的冤家也，活活的将人闪。”用荷叶上滚来滚去的露水珠比喻不专一的恋人，唱得倒也有趣。

“莲花幕下风流客，试与温存遣逐情”“绿荷翻，清香泻下琼珠溅”，美人与香藕，一样的香艳。

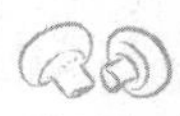

最佳配角

“红花还得绿叶扶”这句俗语，说明了配角的重要性，荷叶的情况尤其是这样。荷叶默默无闻地贴在水面，衬托着光彩夺目的荷花，荷池美景才显得如此完美。

古人对荷叶赞美有加，比如用荷叶制成的衣裳叫荷裳，用以表达人品的高洁，是源于《离骚》中“芰荷以为衣兮，集芙蓉以为裳”。荷叶又称菏衣，如李白诗“竹影扫秋月，荷衣落古池”。

荷叶的实际用途广泛。众所周知荷叶是著名中药，有清暑利湿功效，因此广东人暑天做冬瓜汤有时会加入荷叶；广东菜用荷叶做垫的蒸菜，也多种多样，比如荷叶蒸田鸡、鸡、水鱼等等，还有著名的早点糯米鸡也是用荷叶包裹，透出幽幽荷香；在莲藕栽种地区，传统上人们喜欢用荷叶来包装出售食品，尤其是鱼、肉熟食，习惯于用塑料盒子和塑料袋的都市人，对于这种看来非常原始但又非常环保的做法，会发出由衷的赞美。

荷衣包裹的人品格高洁，荷叶包裹的食品清香素雅。奥斯卡有最佳配角，往往都是演技派胜出。我想，荷叶也是最佳配角。

71. 菱

菱是菱科菱属中的栽培种，一年生蔓性水生草本植物，别名菱角、龙角，古名芰，英文称Water caltrop。菱原产欧洲和亚洲的温暖地区，我国浙江3000多年前就有记载，目前在长江流域以南地区有栽培生产。

品种类型

按果实外观的角数分为三类：四角、两角和圆角菱。四角菱果实具四角，果皮较薄，果仁品质较好，有果皮红色适合生吃的苏州水红菱、皮绿色肉质糯适合煮食的馄饨菱等；两角菱果实具两角，果皮较厚，果肉品质较差，有扁担菱、广州七月菱等；圆角菱果角退化，只留痕迹，其他性状介于上述之间，如浙江嘉兴南湖菱。

农残风险

菱生产上主要病虫害有菱角萤叶甲和菱角叶蝉等，虽然虫害发生严重时还是要使用农药防治，但是菱角的农残风险低。

烹调食用

菱的果实菱角的种仁通称菱米或菱肉，适合生吃、熟食或制作菱粉。广东人通常将菱角煮熟当零食，剥肉做菜的话不宜用重口味的调料，以求保持菱角特有的菱香，荤菜菱肉焖排骨、菱肉排骨汤、素菜青豆雪菜炒菱肉等等都是常见的做法。用菱粉制作的丸子做甜品汤，加冰糖，也是很有特色的餐后甜品。值得指出的是菱肉含有一定的麦角甾四烯和谷甾醇，有较好的抗氧化抗癌作用。

艺　术

1966年，年仅14岁的邓丽君凭着一曲《采红菱》获得台湾金马奖，一炮而红，自此成了前无先例的歌后。《采红菱》是来自长江口一带的民歌，歌词大概唱道："我们俩划着船儿采红菱，啊采红菱，得呀得哥有心，得呀得妹有情，就好像两角菱呀，同根生呀，我俩一条心。"李白有诗曰："龟游荷叶上，鸟落芦花里。少女棹轻舟，歌声逐流水。"据说也是描述采菱时的情形，这些都是艺术上的描述。

在菱角生产地区，每年秋天时，在栽培菱角的水面采摘菱角，往往是女的，或者老人小孩，女的也有老有少，并非都是妙龄少女，因为正值秋收农忙，青壮劳力一般干别的重活去了。

采菱角时划的，邓丽君唱的船儿、李白诗说的轻舟，实际上是有的，但不多，更多用的是木盆。南京以前就有儿歌："大木盆，小木盆，翻翻过来采红菱。"潮汕平原以前的湖泊和沼泽地，也生产菱角，采摘菱角时除了少数小船外，基本上都用潮州话称为"脚桶"的大脚盆，脚盆直径一般多在一米以上，高三十厘米左右，以前乡下人用来供女人或小孩洗澡用，冬天也用来多人一起泡脚，每当发生水灾时，这种木盆还发挥了小舟的作用。

顺便说一句，潮州话“老脚桶”，是乡下人骂尤其上了年纪的女人时说的粗口，这种骂法暗含性方面的不屑，包括老、脚（潮州话“老脚”或“老脚数”指的是有经验的人，尤其指男人）和（供女人洗澡的）桶三个深层次文化原因，是高水平的脏话，和日本人骂人“老男人”的意义相似，但文化艺术内涵比起日文来丰富多了。

从邓丽君说到老男人，无非就是想表达：来源于生活又高于生活的东西，就叫艺术。

72. 茭白

茭白是禾本科菰属多年生宿根性草本植物，以变态肉质嫩茎蔬用，别名茭瓜、茭笋、菰首，英文叫法很有趣：Water bamboo（水竹）。茭白起源于中国，是中国特色蔬菜之一，茭白现在长江流域以南地区包括台湾广泛栽培生产。

品种类型

茭白按采收情况分为一熟茭白和两熟茭白。前者为严格的短日照植物，每年秋季采收一次，如杭州的一点红和广州的大苗茭白和软尾茭白。两熟茭白对日照要求不严格，初夏和深秋均可采收一次，但对水肥条件要求高些，品种主要集中在长江口和台湾地区。

农残风险

茭白生产上的主要病虫害有纹枯病、胡麻斑病、长绿飞虱、稻蓟马、二化螟和稻蛀茎蛾等等，虽然茭白生产上使用农药很常见，但是茭白的农残风险还是低的。

烹调食用

茭白的食用器官是肉质变态茎，肥嫩、爽脆、风味鲜美（茭白的游离氨基酸含量较高），是广受欢迎的佳蔬。切片炒食宜荤宜素，荤与腊肉、肉片、甚至是鱼片、虾仁混炒，素则清炒，炒茭白不宜用重口味调料，以保持茭白特有风味，虽然长江口的烧茭白大都用酱，但我偏好不放重色酱料，以保持茭白本色，做汤做羹时一般切丝，不宜煲老火汤。值得一提的还有茭白含有丰富的纤维素，对清洁肠道很有好处。

歪 打

我国古代栽培与茭白同种的植物菰，收获菰米当谷物，大概2000年前，菰从粮用菰米向蔬用茭白演变，到2000年前的《尔雅》就称为蔬了。这是因为在菰的栽培生产过程中，主茎开始分蘖时，植株经常受到黑粉菌（Ustilgo esculenta）的侵染，此菌在花茎上寄生，分泌植物生长激素吲哚乙酸，刺激花茎变肥大，肉质化，这也是现在茭白品种的种性除了本身性状外也受黑粉菌的影响而不稳定的原因。受感染后的菰当然也就不能收获种子菰米了，但是肉质化肥嫩的花茎却成了现在我们餐桌上的佳蔬。

防治茭白害虫飞虱、螟虫等的一种杀虫剂叫杀虫双，是40年前我国在仿制原产日本的杀虫剂巴丹时的中间产物，限于当时的技术，合称路线到了杀虫双这一步就无法前进了，于是技术人员测试了这个中间体，发现此结构物质对于害虫的毒力也是可以的，因此开发了这个杀虫剂品种，这也是中国第一个有效成分化学结构具有自有知识产权的化学农药品种。

种菰米不成却种了茭白，生产巴丹不成却生产了杀虫双，真是歪打正着。也有歪打歪着还歪嘴的，说一笑话，以前的木桶是木片用竹签铆钉接好后用竹条箍箍成的圆桶，有一个新手木匠到一位大婶家做木桶，却箍成类似三角形的，还对大婶辩解说三角正好，放在墙角当尿桶，省地方。

有 病

读一位颇有名气的江浙文人的小品，说他们家乡的茭白很出名，茭白田里禾苗

茁壮成长，生产的茭白粗壮肥美，云云。我对这种说法还是颇有微词的，茭白原本就是受到黑粉菌感染，得病后花茎畸形肥大而来，肥美则肥美矣，说壮却欠妥，比如人得了腮腺炎，俗称肥猪头的，能称之为壮？

文人因为对科技了解不够常常闹笑话。记得几年前在一次利用性诱剂吸引杀灭小菜蛾雄虫的现场会，来了一位国内大牌记者，准备采写报道，中午吃饭时记者聊起题目“菜园子的寡妇工程”，还颇为得意，在座领导大都拍手叫好，大概是见我不出声，问我意见，我说，构思巧妙，很好，但只是杀灭了部分雄虫，菜园子也不会像寡妇村那样寂寞，因为，在小菜蛾的世界里，并不是一夫一妻制。

一些科技概念近年来常常被文人尤其是迎合领导的文人所歪曲或者强奸。比如强调环保概念，就被冠以生态的帽子，如生态城市、生态小区、甚至生态餐厅和生态猪，等等。生态一词，西文字头eco源自古希腊语，居所的意思，生态学Ecology自西文翻译成汉语时是照搬自日语，生态原本的意思就是生物和环境之间的关系，这个关系有好有坏，是中性概念，从这个角度看，上述帽子提法都不妥。又比如克隆，原来指的就是无性系，就是无性繁殖，音译自英文Clone，乡下阿叔插番薯苗、插甘蔗苗就是无性繁殖，就是克隆，但是有的媒体和领导常常将克隆技术吹得天花乱坠。

人文工作者对科技做更多的了解，不跟风、不拍马、不拉虎皮，是非常值得提倡的。否则，就会像茭白一样，肥美则肥美矣，其实是有病。

73. 慈姑

慈姑是泽泻科慈姑属中能形成球茎的栽培种，多年生草本植物。又称茨菰、剪刀草、燕尾草等，英文称Chinese arrowhead。慈姑欧亚非都有分布，但是只是在东亚用于蔬菜，欧洲多用于观赏。在我国，长江流域以南地区，尤其三角洲地区有生产栽培，北方比较少。

慈姑按收获期分早中晚熟品系，品种大都是地方叫法，消费者在市场挑选慈姑

时可观察慈姑的皮色，一般说来，皮色淡些，或白或黄，品质优些。

农残风险

慈姑生产上主要病害有黑粉病，有时需要使用杀菌剂防治，但是慈姑产品的农残风险低。

烹调食用

慈姑性微寒，入肺经，清肺热化痰。慈姑可汤可菜，荤则烧五花肉、排骨，素可切片与酸菜或咸菜或雪菜等混炒。咸菜慈姑汤、排骨慈姑汤、慈姑咸菜排骨汤都是不错的搭配，尤其后者是冬季江南一带的家常便汤，风味独特。值得指出的是，慈姑味微苦，还含有一定的秋水仙碱，怀孕初期最好不要多吃。

文化杂谈

画蛇添足

李时珍在《本草纲目》中说："慈姑，一根岁生十二子，如慈姑之乳诸子，故名。"并说称茨菰不当，本义相去甚远（菰是禾本科）。在国内各地称呼慈姑的，发音都对，但是慈字有时用茨甚至是茈等表达，姑字有时加草字头（菇指菌类），有时用菰字代替，五花八门，甚至连著名文人汪曾祺也写成茨菇。

肉菜市场蔬菜摊档上的蔬菜牌，常常将蔬菜名写错的，个体菜贩有，大型超市也有，其中无厘头的"简写汉字"如白才、九才和算台等不说也罢，值得指出的是，和慈姑的姑字一样，很多蔬菜名常常被错误地加上草字头。

比如番字，常常被写为蕃。比如写番茄、番薯、番荽、番豆、番瓜等等，这些蔬菜原本来自番域，故名。蕃字原本的意思是生长茂盛的样子，如果一定要加草字头，番字可写成藩字，因为以前藩和番通用。

菠菜的菠，原本也应该不加草字头，因为菠菜原产伊朗，是波斯菜的意思，与番字同理。但是，由于菠菜古代又称菠薐，按菠薐菜理解，省去薐字，称为菠菜，这才说得过去。

李时珍在《本草纲目》中说茼蒿“形气同乎蓬蒿，故名”，又说“同蒿八九月下种，冬春采食肥茎”，看来，茼蒿的茼，原本也是不应该有草字头的。同样情况的还有茴香的茴字，原本一样不应该有草字头。但是这两种蔬菜长期以来都加了草字头，因此就服从习惯了。

又比如广东特色蔬菜菜心，常常也被写成菜芯。菜心北方人叫菜薹，心指生长点转义为薹的意思，而芯是指某种东西的引线，比如蜡烛芯。做人做事要将心比心，书写菜心就不能将芯比心了。

大多数的蔬菜名称都带有草字头，《说文解字》说菜，草之可食者，但不是所有蔬菜名都带草字头，不能带的就是一定不能带，书写时要注意，以免画蛇添足而贻笑大方。

74. 荸荠

荸荠是莎草科荸荠属能形成地下球茎的栽培种，多年生浅水性草本植物，以质脆多汁的球茎供食，别名马蹄、地栗、乌芋等，英文称Chinese water chestnut。荸荠原产中国南部和印度一带，我国2000多年前的《尔雅》就有记载，现在长江流域以南地区多有栽培。

品种类型

按照荸荠的淀粉含量分为高含量的水马蹄和低含量的红马蹄。前者球茎顶芽尖，脐平，淀粉多，质地粗，不适合生吃；后者球茎顶芽平，脐凹，淀粉少，质地甜嫩，渣少。荸荠各地都有知名的地方品种，如广东的乐昌马蹄，产品质量还往往按产地区分。

农残风险

荸荠生产上主要病虫害有枯萎病和蝗虫等，虽然有时枯萎病还会暴发流行，但一般说来，荸荠的农残风险低。

烹调食用

荸荠性微寒，有健胃、祛痰、解热功效，新近的研究表明，荸荠含有一种叫荸荠英的物质，抗菌功能显著。荸荠可生吃，也可熟食。当蔬菜用的荸荠一般多做配料，很少在菜中当主角。比如肉饼、潮州粿肉等加入碎马蹄，改善口感风味等，在羊肉煲中加入马蹄同煲，可以去膻味。广州早茶著名的点心马蹄糕，冰清玉洁，清甜润喉。荸荠还是广州人煲糖水的主要选料，通常和甘蔗、胡萝卜一起煮水，吃甘蔗、马蹄，喝糖水，在秋燥时分深受欢迎。

有一位九十多岁的老中医，介绍了一种方法，用肉菜市场上削下来的马蹄皮，洗净，晒干，用来煮水喝，缓解因特异性蛋白过敏、血糖高、血毒热、湿毒等引起的皮肤瘙痒。此方法我介绍给几位有上述症状的朋友，几乎没有不见效的。

三级题材

“月光光，照地塘，年仨晚，摘槟榔。槟榔香，摘子姜。子姜辣，买蒲达（苦瓜）。蒲达苦，买猪肚。猪肚肥，买牛皮。牛皮薄，买菱角。菱角尖，买马鞭。马鞭长，起屋梁。屋梁高，买张刀。刀切菜，买箩盖。箩盖圆，买只船。船沉底，浸死两个番鬼仔。一个浮头，一个沉底。一个摸慈姑，一个摸马蹄。”这是最流行也几乎最出名的广州儿歌“月光光”，从月亮唱到慈姑马蹄，富有地方特色和生活气息。既然是儿歌，按照香港的分级制度，当然也是“适合任何年龄人士”的一级了。

仿鲁迅一首打油诗：“我的所爱在沼泽，想去寻她兮泥太深，仰头无法泪沾襟，爱人赠我慈姑叶，回她什么，荸荠心”。情情爱爱的，应该属于“家长陪同”的二级。

冯梦龙的《山歌》有“荸荠慈姑”：“郎替娇娘像荸荠，荸荠要搭慈姑两个做夫妻。慈姑叶生来就像姐儿两膀当中个主货，荸荠心透出也像情哥哥个件好东西。”山歌格调低下有些色情，属于“只适合成年人士”的三级。

好玩，两样蔬菜，三级题材。

75. 芡

芡是睡莲科芡属中的栽培种，多年生水生草本植物作一年生栽培，以成熟种子的种仁芡实供食，别名鸡头、雁头、水底黄蜂，古名卵蔆，英文称Cordon euryale，意思是有带纹的芡，而芡Euryale原来是希腊神话中女性海神的名字。芡实原产东南亚，我国自古就有栽培，《周礼》中记为蔆芡，宋代时广东肇庆的芡实就非常出名，称“肇实”，现在全国各地均有栽培，其中以南方地区的湖泊、池塘和滩地为多。

品种类型

芡实一般按产地分南北芡实。北方芡实鸡头状的果实被密刺，个头小，种子粒小，南方芡实果实不具刺但被绒毛，个头大，种子粒大。

农残风险

芡实生产上主要病虫害有叶斑病、霜霉病和蚜虫等，但使用农药少，芡实的农残风险低。

烹调食用

芡实的种仁富含淀粉和磷，也是知名中药，中医讲究芡实味甘性平归脾肾经，健脾固精，对腹泄、早泄和白带异常有疗效。芡实近年来被引为高级蔬菜，比如著名的芡实煲，是以新鲜（采摘加工新鲜芡实是非常费工的一项劳作，从鸡头果剥仁，去种皮大都是手工操作）或冷藏的湿芡实为主，用海米或鲜虾仁、排骨、火腿和瑶柱做配料，素食时用芋头和南瓜做配料，但是都有一个诀窍就是不要使芡实过火，既要咬得动，也要保持芡实种仁的嚼头，Q，这道菜才算地道，此外新鲜芡实做糖水，也是很好的餐后甜品，干货芡实大都做中药或汤料用。值得一提的是芡实制作的淀粉，是烹调菜肴时的佳品调料，我们有时在菜做好前的最后一道工序是用淀粉水“勾芡”，勾芡就是加入芡实淀粉水混匀菜肴煮开，使得菜肴嫩滑，锁住食材本味。但是现在普通厨房的勾芡，勾的已经不是芡实粉而是一般淀粉了，除非是特别讲究、认真的厨师，当然，四川的厨师做麻婆豆腐，是用豌豆粉勾的芡。

三级话题

清朝钮玉樵的《味圣》说，河豚、荔枝和果子狸是味之圣者，并分别以西施、赵合德和杨贵妃形容：桃花春涨时河豚最毒，毒可杀人，河边洗衣服的西施一入吴宫，便能亡国，似之；剥食荔枝，状若晶丸，液不染指，赵合德（赵飞燕的妹妹，汉成帝偷窥其洗澡后宠爱之）纤肌玉莹、珠汗生香、兰汤晚浴、出水不濡，似之；果子狸以果为粮，至秋乃肥，脂凝无渗，杨贵妃举体丰艳，喜食荔枝，似之。因此江瑶柱等美食，“亦流其亚，然总非宫闱绝色也。”

非但如此，我国一些文人还以美人身上的某个部位来形容美食，如福建有一种贝壳类海鲜沙蛤，被称为西施舌。照此类推，燕窝可不成了赵合德姐姐赵飞燕的口水？而芡实，跟杨贵妃也是可以挂上钩的。

芡实又称鸡头米，《本草纲目》说：“花似鸡冠，故名鸡头。剥开内有斑驳软肉裹子，累累如珠玑，壳内白米，状如鱼目。”与杨贵妃扯上关系的，就是鸡头果实的裹子软肉，据说当年当着安禄山的面，唐玄宗抚摸着杨贵妃的酥胸，笑称“温软新剥鸡头肉”，安禄山还对上“滑腻还如塞上酥”。

打住，已经是三级话题了。

76. 黄秋葵

黄秋葵是锦葵科锦葵属中能形成嫩荚的栽培种，一年生草本植物，别名秋葵、羊角豆，英文称Okra。黄秋葵原产非洲，古代埃及人就有食用黄秋葵的记录。我国500多年前的《本草纲目》也有记载。目前世界各地均有栽培，我国近年来发展较快。

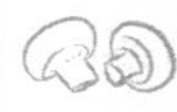

品种类型

黄秋葵按植株高度分两类，矮株型和高株型，前者大都株高一米左右，后者可达两米以上；按荚果皮色分黄红两种，前者荚果黄绿色，后者淡紫红色；按荚果横断面分五角形和六角形。分类比较混乱，消费者在选购时尽量挑选嫩的荚果，纤维少品质好些。

农残风险

黄秋葵生产上病虫害不多，主要是蚜虫等，因此，在采收期将防治蚜虫时的农药间隔期安排好，黄秋葵的农残风险还是低的。

烹调食用

黄秋葵的嫩荚果当蔬菜，嫩荚果质地柔嫩、黏质，可炒食、煮食、酱醋渍，炒食可荤可素，煮食大都需要调料蘸食，近来流行冰镇水煮黄秋葵，配酱油芥末，颇受欢迎。黄秋葵的花和嫩叶也可蔬用。值得指出的是，有些人对接触黄秋葵尤其是荚果内的黏液会过敏，发痒，洗切黄秋葵时必须注意。

植物伟哥?

多年前在广州和同行朋友吃饭，素菜要了一客炒黄秋葵，朋友介绍说这是流行的植物伟哥，我还记得平时颇似正人君子的朋友竟然表情猥琐地说黄秋葵荚果果形和男性器相似，以形补形，以物补物，云云。想不到十几年来，国内黄秋葵戴上植物伟哥的高帽，掀起了一阵消费热潮。

中国传统医学文献记载，黄秋葵对皮肤痈肿有疗效。现代研究表明，黄秋葵种子中含有比较丰富的钾、钙、铁、锌、锰等矿物质，油脂和蛋白质也含量丰富，有报道说食用黄秋葵对保护肠胃、肝脏、修复受损细胞有一定作用，但是未见黄秋葵壮阳的直接的、有根据的报道。虽然我曾经采集冷榨的花生油、茶籽油和黄秋葵籽油进行了几个主要营养成分的化验测定，结果表明，黄秋葵籽油的维生素E的含量是其他两种油含量的2～3倍，但是，维生素E和壮阳扯上关系也牵强了些。

几千年前古代埃及人将黄秋葵的种子炒熟，磨碎，和牛奶、糖混煮饮用，是咖啡出现前的早期代替品，对克服疲劳、提神有良好作用，而且，香味也确实不错，香味的类型可以通过炒黄秋葵籽的火候来控制，炒透些，突出炭香，炒生些，突出黄秋葵本身的清香，但注意黄秋葵籽的种皮很硬，哪怕炒后磨的很碎，最好还是过滤后饮用。

如果你身体疲劳、精神萎靡，化学的伟哥你千万别吃，至于黄秋葵，不管蔬菜还是代咖啡，悉听尊便，植物伟哥，笑谈罢了。

77. 茴香

茴香是伞形科中以老熟果实为香料和以嫩茎叶为蔬菜的两个栽培种，多年生宿根性草本植物，别名小茴香、小怀香、香丝菜和谷香等等，英文称Fennel。茴香起源于中亚地区，我国尤其是华北多有栽培，果实作香料是全国性的，嫩茎叶作蔬菜以前主要集中在华北一带，近年来各地都有作蔬菜栽培的发展趋势。

品种类型

中国普遍栽培的茴香有两种，一种是大茴香，多在春季栽培，容易抽薹，一种是小茴香，一般可周年栽培，大都以秋季为主，叶柄短，蔬用品质较好。

农残风险

茴香生产上主要病虫害有猝倒病、菌核病和甲虫等，一般较少使用农药防治，因此，茴香的农残风险低。

烹调食用

茴香含有一系列醚、酮等结构的挥发性物质，具特殊香味，传统中医认为茴

香有温肝肾、暖胃气和散寒作用。茎叶作为蔬菜用的茴香，一般做馅料、菜肴装饰和辛香调味用，比如茴香饺子、包子等，与猪肉、羊肉搭配做馅料，在华北非常流行，但是纯素的茴香饺子、包子，感觉总是寡了一些，哪怕放再多的芝麻油。我曾经尝试用虾仁与茴香做饺子馅，效果也不错，风味独特。近年来将茴香茎叶作叶菜炒食也颇流行，只是你要能够接受有那么一种叶菜，具有那么浓郁的特殊香味。

做一回孔乙己

首先，李时珍在《本草纲目》中称：“茴香，蘹香，北人呼为茴香，声相近也。（梁代的陶）弘景曰煮臭肉，下少许，即无臭气，臭酱入末亦香，故曰回香。时珍曰，俚俗多怀之衿衽咀嚼，恐蘹香之名，或以此也。”看来，茴香的茴，原本是不应该有草字头的。

其次，茴香原产欧洲和中亚，中国由中亚传入。传入的路径与张骞从中亚引进许多蔬菜到中原一样，途经多是伊斯兰或回教地方，这一地带民众因宗教原因不吃猪肉，甚至语言上也避讳猪字，如现代新疆一带汉人也称呼猪肉为大肉，也难保陶弘景说的臭肉不是指的猪肉。因此，来自回民地区的香料称回香也是容易理解的。

此外，李时珍说将茴香保存在衣服的口袋里，用途多种可能都有。一是当成香囊使用。二是咀嚼茴香，以保持口腔口气不难闻。三是，咀嚼茴香是送酒的好方法，《本草纲目》还说：“北人得此，咀嚼荐酒。”从土耳其到新疆一带，茴香酒是民间的至爱，比如土耳其国酒Raki就是茴香酒。四是茴香的干茎叶，是伊斯兰地域的水烟香料烟草，现在我国北方地区一些老人，还保持抽茴香茎叶烟的风俗。

鲁迅曾幽默地描写了孔乙己坚称茴香豆的茴字有四种写法，读者看罢不过会心一笑。写下本文，我甚至也自感腐儒了些。

唉，就做一回孔乙己吧。

78. 水芹

水芹是伞形花科水芹属中的栽培种，以嫩茎和叶柄供蔬用，多年生水生宿根性草本植物，别名刀芹、楚葵、蜀芹和紫堇等，英文称Water dropwort。水芹原产亚洲东部，现在东南亚有分布，我国以长江流域以南地区栽培较多。

品种类型

按叶片形状分尖叶水芹和圆叶水芹。尖叶水芹叶片近卵形，叶缘有钝锯齿状，叶柄绿色，如在水中浅绿色，在土中近白色，尖叶水芹纤维多，香味淡，品质较差；圆叶水芹尖叶水芹叶片卵圆形，叶缘叶有钝锯齿状，叶柄组织较密，一般培土软化呈白色，纤维少，香味浓，品质好。

农残风险

水芹生产上主要有蚜虫危害，一般说来产品农残风险低。

烹调食用

水芹有清热解毒降血压的功效。水芹可凉拌，切段、水灼过冷河，挤干水，以醋、酱、香油、虾米等拌食，炒食可荤可素。介绍一味水芹鱼片羹：鱼肉切片用盐油稍稍腌一下，鱼头鱼骨和姜片在清水中滚汤，过滤去渣，取清汤在锅中加热，将适量水芹打浆过滤取清液，加入少量淀粉混匀后加入锅中，煮开后将鱼片徐徐加入滚开的羹中，调味即成。汤羹颜色鹅黄嫩绿，鱼片滑嫩鲜美，味道清香诱人，很有特色。

文化杂谈

献　芹

我国自古就有采食水芹的记载，而且水芹的地位不低。《诗经》就有《小雅》

的“言采其芹”和《鲁颂》的“薄采其芹”的描述。《吕氏春秋》说：“菜之美者，云梦之芹”，云梦在楚国，这也是水芹又被称为楚葵的来历。

《列子》里头有个故事，说一个乡下人向富豪介绍芹菜（就是水芹）是如何的好吃，富豪尝后竟然伤了嘴巴，肚子也痛。后来就有“献芹”一词比喻赠送的礼品低劣，后又引申为自谦所提意见不好或者见解浅薄。

《献芹集》是我国著名红学家、古典诗词家周汝昌先生的文集，虽然笔墨清淡，但是文集中几乎包括了作者多年的学术成果，需要静心读来，才能品尝出如水芹般的清香。取名《献芹集》，我想一来是作者自谦，二来可能也有献给曹雪芹的意思吧。

79. 辣椒

辣椒是茄科辣椒属能结辣味浆果的一年生或多年生草本植物，别名番椒、海椒和辣茄等，英文称Pepper。辣椒原产于中南美洲热带地区，约500年前传入欧洲，400年前我国明代的《遵生八笺》就有记载：“番椒丛生，白花，果俨似秃笔头，味辣，色红，甚可观”。虽然40多年前在云南的西双版纳发现野生型的小米椒，但是普遍认为辣椒和玉米、马铃薯和番茄等是美洲给世界的重大贡献，现在辣椒是世界性蔬菜或调味品。

品种类型

辣椒是大家族，一般认为有五个变种：一是樱桃椒类，甚辣，多做干椒或观赏，如五色椒；二是圆锥椒类，一般辣，多做蔬菜炒食，如鸡心椒；三是簇生椒类，味辣油多，多做干椒，如七星椒；四是长椒类，味辣，多做干椒，也可炒食，如长角椒；五是甜柿椒类，微辣，多做蔬菜炒食或生吃，如柿子椒。近年来由于蔬菜育种产业发展，一些新的辣椒品种不断出现，其中很多新品种介乎上述类型之间。

农残风险

辣椒上主要病虫害有病毒病、炭疽病、白粉病、疫病、白绢病、疮痂病和蚜虫、烟青虫、红蜘蛛、茶黄螨和粉虱等，生产上通常还是需要使用农药防治，尤其是温室生产的甜椒不得不用。但是综合看来辣椒的农残风险低。

烹调食用

辣椒以嫩果或成熟果供蔬用，可生吃、炒食、干制、腌制和酱渍等。辣椒的维生素C含量丰富，辛辣味是由辣椒素引起，中医讲究辣椒味辛性热，归脾胃经，能温中健胃、散寒祛湿。不同地方人、不同辣椒品种烹调方法千差万别。我国食用辣椒，以四川、湖南两地最为出名，以辣椒为主材或调料的知名菜肴也丰富多彩。

革命性

据说曾经有人笑称可根据能不能吃辣椒来区分一个人的革命性，开会的时候，他提出了一个有趣的问题：如何使猫也吃辣椒？与会者甲说猫原本不吃辣椒，要猫吃，只可强行打开猫口塞入，乙说可半鱼半辣椒诱之，丙说用鱼肉包住辣椒喂，众说纷纭，提出问题的说，你们的方法都好，但是没有发挥猫的主观能动性，将辣椒塞进猫的屁眼，猫会主动去舔的。

有一个第三世界国家，民众喜欢吃辣椒，有一年该国辣椒炭疽病流行，辣椒失收，国民因之暴动，为了维护局面，向中国求助，中国急运辣椒支援，使该国政局得以维持。看来，辣椒的革命性不仅体现在个人能不能吃，辣椒在外交上也是可以发挥革命作用。

辣椒品种类型多样，可用辣度区分革命性的强弱，也可按照农村阶级分析的观点分类：指天椒极辣，贫农；羊角椒辣，下中农；牛角椒微辣，中农；甜尖椒微辣味甜，富农；彩椒不辣味甜，地主。

师奶杀手、奶油小生和老来俏

彩椒，即彩色甜椒，或称七彩甜椒，目前在大中城市的蔬菜市场基地有栽培供应，种子大都是从欧、美、日和以色列进口。彩椒果型肥美，有红、黄、白、蓝、橙、绿和紫色等多种色彩，亮丽光滑，观赏之余炒食，最理性是三分熟即可，切忌过火，保持爽脆清甜，更是秀色可餐，美感有加。因此深得买菜主妇的喜爱，可笑称师奶杀手，近年来媒体学香港称能捕获主妇欢心的男星叫师奶杀手。

20世纪80年代日本有男星叫高仓健，其硬汉形象曾经风靡中国，时恰有中国男星油头粉面者，媒体称奶油小生。彩椒外表亮丽，一点不辣，而且特别适合拌色拉油做蔬菜色拉生吃，因此以奶油小生称彩椒，也不为过。

彩椒果实上的色彩，都是果实成型老熟后才显出红、黄等风流本色，此前大都是绿色的，因此说彩椒是老来俏也很合适。

顺便说一句，紫色的彩椒，尤其是深紫色的，炒时会退紫还绿，和紫菜薹、紫甘蓝和红脚芥蓝等紫色蔬菜相似，这是因为紫色花青素及其类似结构受热变色的缘故。因此配菜时如果考虑要紫色点缀，应该采用生的紫彩椒。

80. 菠菜

菠菜是藜科菠菜属中以绿叶为蔬菜产品器官的一、二年生草本植物，别名菠薐、波斯草、赤根菜等，英文称Spinach，古名菠薐和英文都突出了叶片近棱形的形状。菠菜原产伊朗，传入中国已经有1200多年的历史，现在菠菜是世界性绿叶蔬菜，我国各地均有栽培生产。

品种类型

菠菜根据果实上刺的有无分有刺和无刺变种。前者叶片较薄，近棱形狭长，叶柄也较长，耐寒不耐热，如广州的迟乌叶菠菜；后者，叶片较厚，近圆形，耐热性较强，如广州的圆叶菠菜。

农残风险

菠菜生产上主要病虫害有霜霉病、花叶病、炭疽病、潜叶蝇、地下害虫和线虫等。生产上通常需要使用农药，近年来线虫和地下害虫的防治比较麻烦，有个别菜农在热天栽培菠菜时农药的使用还往往过量。但是总体看来，菠菜的农残风险还是低的。

烹调食用

菠菜味甘性凉，归肠胃肝经，润燥滑肠，养肝明目。但是菠菜含有大量的草酸，过多食用会促成结石。菠菜可凉拌、炒食或做汤。北京人的凉拌菠菜很有特色，众多调料中以芥末调味的为最出色，炒食可荤可素，鸡蛋菠菜在北京就很流行，豆腐炖菠菜也是北方人的家常。广东人一般素炒，但是潮州人有一味鱼肠煮菠菜非常出色，柔嫩鲜甜，顺德菜中好像也有此菜，鱼肠通常都是大草鱼的肠，好洗。此外，菠菜的肉质根，红色，味甜可食，洗捡菠菜时尽量把根留住。

大　头

以前有资料说菠菜的铁含量是蔬菜中最高的，后又有报道说是由于化验员将小数点移错了一位所误。其实菠菜的铁含量大致是每100克含3毫克，而红苋菜可达12毫克，莲子、菱角和绿豆也都在5毫克以上。在铁含量上，菠菜被动地充了一回大头。

确实菠菜的头大，红色，主根肉质化。据说乾隆皇帝下江南时吃过一农妇的菠菜炖豆腐，甚合帝味，乾隆还题词：“红嘴绿鹦哥，金镶白玉嵌”。红嘴就是菠菜头，绿鹦哥就是菠菜叶，红嘴绿鹦哥者，诗化菠菜也，菠菜又被戴上了一回高帽。

有一次在汕头吃火锅，不懂潮语的同伴看到“消费满100元，送飞龙一碟”的广告字样，问我说飞龙是什么，开始我没留意广告，同伴一问，我哑然失笑。汕头

人以前称菠菜为菠薐，是遵照古称，其中薐字与龙汕头话同音，菠与飞发音还是有些差距，后来不知为什么就以讹传讹传为了飞龙。

菠菜成了龙，这回的大头充得更甚。

81. 莴苣

莴苣是菊科莴苣属中以叶子或茎为蔬用的一二年生草本植物，英文统称Lettuce。普遍认为莴苣起源于地中海一带，我国1500年前开始引进，1000年前苏东坡的《格物粗谈》已经有紫色莴苣的记载。现在莴苣是世界性蔬菜，我国各地均有栽培生产，而且品种丰富多彩。

品种类型

按照产品器官分为叶用莴苣和茎用莴苣：叶用莴苣又分长叶莴苣、皱叶莴苣和结球莴苣。长叶莴苣又称散叶莴苣，一般叶缘有锯齿状，叶子或松散或直立，比如欧美地区较多栽培如波斯顿生菜、狗牙等，我国各地丰富多彩的荬菜如苦荬菜、甜荬菜、香荬菜、红荬菜等；皱叶莴苣叶片多有皱褶，叶片较圆，可结球也可不结球，如意大利生菜、紫生菜等；结球莴苣叶子结球，产品脆嫩，叶球叶子黄色、白色和绿色都有，如玻璃生菜、牛油生菜等。茎用莴苣又称莴笋、莴苣笋、青笋和莴菜等，按叶片形状分圆叶莴笋和尖叶莴笋，按笋中肉色分白笋和青笋，按栽培季节分春笋和秋笋。莴苣是大家族，不同具体品种叫法不同，粗略一算，莴苣有近百个性状各异的栽培品种，甚至安徽南部和江苏北部一带著名的贡菜，也是莴苣属的蔬菜干。这段话对莴苣的品种类型的描述只是一个大概，期待有专业人士对莴苣有更详尽的科学分类。

农残风险

莴苣生产上主要病虫害有霜霉病、菌核病、花叶病、蚜虫、蓟马、地老虎和潜蝇等，在季节适合时使用农药不多，季节不对防治时农药的使用还是经常的，但是莴苣的农残风险低。

烹调食用

莴苣，不管是叶用还是茎用，均可生吃、凉拌、炒食甚至做汤。广州菜系的耗油生菜和罐头鲮鱼炒荬菜，潮州菜系的红叶莴苣煮鱼，北方菜系的凉拌莴笋丝和滑溜莴笋片，西菜中莴苣沙拉，汉堡包中的夹生菜，等等，都非常出名又是平常人家的家常菜。值得一提的是莴苣中含有苦味的莴苣素，该结构对镇定神经帮助睡眠有一定好处，尤其天热时，国产莴苣如荬菜含量较多，茎用莴苣的叶子含量也丰富。此外，莴苣性凉，可用蒜头伴炒。

中西合璧

《莴苣姑娘》是《格林童话》中的名篇，故事大概说，有一对夫妇，女的看见邻居巫婆家园子里的莴苣非常诱人，让丈夫去偷，莴苣很可口，第二天又让丈夫去偷，被巫婆抓住，巫婆让其答应生下小孩后代养，夫妇无奈答应了，后老婆生下一个女孩，就交给巫婆，巫婆将女孩起名莴苣，虽然在巫婆的虐待下，莴苣却长成长发披肩的美丽姑娘。和大多数格林童话一样，王子爱上了莴苣姑娘，在冲破巫婆设置的层层障碍后，莴苣和王子终于在一起过上了幸福的生活。

《诗经·国风·谷风》云："谁谓荼苦？其甘如荠，宴尔新婚，如兄如弟。"大意是，谁说苦菜味道苦，其实甘甜就像荠。你们新婚燕尔时，亲亲密密胜兄弟。用《诗经》的这四句，形容莴苣姑娘和王子，再合适不过了。看来《格林童话》和《诗经》，也是可以这么中西合璧的。

除了"谁谓荼苦？其甘如荠"外，《诗经》还有"采苦采苦，首阳之下"、"采荼薪樗，食我农夫"、"周原膴膴，堇荼如饴"和"荼蓼朽止，黍稷茂止"，其中的荼、苦，都是古代的野菜，后人称苦菜，属于菊科莴苣属。

82. 马铃薯

马铃薯是茄科茄属中能形成地下块茎的栽培种，别名土豆、山药蛋、洋芋、地蛋和荷兰薯等，英文称Potato，中文叫马铃薯是地下块茎状如马铃。马铃薯起源于南美洲，人类大概有8000年的栽培食用历史了，400多年前哥伦布发现美洲大陆后传入西班牙，350年前传入我国。马铃薯现在是世界性亦粮亦蔬的作物，世界性广泛栽培食用。

品种类型

马铃薯按皮色分白皮、黄皮、红皮和紫皮，按薯块颜色分黄肉、白肉和紫肉种（富含花青素的紫肉马铃薯有一定的抗氧化保健作用），按薯块形状分圆形、椭圆形、长筒形和卵形种，按成熟期分早熟、中熟和晚熟种。马铃薯生产上一般用薯块做种苗。

农残风险

马铃薯生产上主要病虫害有病毒病、晚疫病、早疫病、疮痂病、环腐病、青枯病、黑胫病、癌肿病、地老虎、金针虫、瓢虫和蚜虫等。其中马铃薯晚疫病曾经在两百多年前的英格兰和苏格兰地区爆发，导致了欧洲历史上少有的饿死人的大饥荒，而这也是欧洲移民涌向北美的最重要原因。近二十年来我国栽培的马铃薯大都用脱毒苗薯块，对病毒病和环腐病的防治起了关键性作用。一般说来马铃薯的农残风险低。但是要警惕因为防治地下害虫的需要一些菜农违规使用高毒高残留杀虫剂。

烹调食用

马铃薯亦粮亦菜。在欧美许多人将其当主食，在我国的东北、西北和西南高山地区，则粮菜兼用，我国其他地区则主要做蔬用。近年来鉴于马铃薯全面的营养价值（美国将马铃薯列入太空食物，供太空人在太空中食用），我国有关部门正在大力推广马铃薯的主食化。马铃薯蔬用的烹调方法多种多样，凉拌、煮、炒、汤、蒸都有，荤素搭配自便，调味佐料也丰富多彩，宜中宜西。醋溜马铃薯丝更是我国国宴名菜，曾经得到尼克松总统的高度评价。在我国西南云贵地区和广东汕头地区，马铃薯焗饭也非常出名，做法大致是将马铃薯削皮切块与大米同煮（注意比平常做饭下少点水），最好用砂锅，饭快熟时将火腿碎、香菇碎、海米等铺在饭上，焖焗一会，混匀趁热食用，配一碗清汤，包你扒下两大碗。再介绍一款潮州土豆糕，将土豆泥、淀粉、虾米、火腿碎、香菇碎和少许五香粉混合做蒸糕，置凉后切片用猪油煎至表面金黄，外脆内松，点以鱼露食用，非常诱人，不信？不难，你亲自做做。

还有，由于马铃薯保存时容易发芽，发芽后会产生对人体有毒的生物碱，因此许多人买回马铃薯后置冰箱保存，但是置冰箱保存的马铃薯容易出现冻伤，煮食时不易松软，切丝煮熟后又容易发粘，因此还是保存在室内阴凉处即可。

共　同

马铃薯粤语称薯仔，原来潮州人称荷兰薯，大约60年前，潮州人也有改称共同的，这个叫法，很多人一头雾水。

前苏联领导人赫鲁晓夫，喜欢粗言村语之余，还喜欢打实际透顶的农民式比方。有一次他访问匈牙利，对大众说：到了共产主义，古拉西（Gulasch）管饱。古拉西是匈牙利民间美食，是用牛肉、土豆和辣椒等在罐中炖得烂烂的，俗称土豆烧牛肉，我在布达佩斯吃过，确实很好吃，也难怪匈牙利和奥地利以前称奥匈帝国，奥匈帝国的美食在欧州甚至可以和法国菜相提并论。

20世纪50年代，“苏风”劲吹，土豆烧牛肉就是共产主义的说法在潮汕地区广为流传，潮汕地区的冬种马铃薯也掀起热潮，于是我想，共同的叫法，大致来源于此。

随着中苏关系的日趋紧张和与赫鲁晓夫的交恶，毛泽东对赫鲁晓夫的一些说法也大加讽刺，由于土豆富含淀粉，有人多吃了会气胀，于是毛泽东在诗词中讽刺道：“不须放屁”，成为一段趣谈。

在叶利钦时代，我在莫斯科机场，吃过一款改良的古拉西，土豆条油炸，如美式快餐薯条铺在盘底，再连汤带肉淋上红烧牛肉，倒也可口，只是薯条用油炸的，感觉看上去充斥了浓浓的政治味道。因为随着美国对世界各地的扩张，美式快餐也在全球大行其道，在美式概念的扩张中炸薯条也充当了重要角色。

看来古拉西在这场土豆世界大战中败下阵来了，而我国民众的家常便菜醋溜土豆丝，却在国宴大厅风采依旧。

喜欢土豆丝，凉拌也好，热炒也罢，不仅仅是因为热爱灿烂悠久的中国饮食文明（比牙签还小的土豆丝，不是普通刀工可以切好的，切好后须将土豆丝置水中，防止变色和炒时发粘），而且，毕竟，只有炸薯条的世界，也着实太单调了些。

两幅画

有一对四十多岁的农民工，住在公园边上的临时建筑，男的踩三轮车，女的捡垃圾。每逢夏天的傍晚，他们常把简陋的饭台摆到屋外用餐。屋旁小路正是我散步的必经之处，因此，这样的情景我已见过无数次：男人光着膀子，古铜色的皮肤上挂满汗水，低着头夹菜扒饭，蔬菜多是捡回来的老菜帮子，也许纤维太粗，男人用力咀嚼，脸腮上的肌肉有韵律地运动，晚霞下的主妇总是微笑着看着丈夫狼吞虎咽，样子看上去很是受用，很是满足，很是幸福。多么美的一幅画！

我想起1885年梵高的著名画作《吃马铃薯的人》，梵高自己说："我想传达的观点是，借助一个油灯的光线，吃马铃薯的人用他们同一双在土地上劳作的手从盘里抓起马铃薯，他们诚实地自食其力。"1885年欧洲的工业化刚刚发展，荷兰农村的劳力还没有大量涌向城市。梵高对光线的处理手法高超，看上去样子粗陋的农民家庭以马铃薯为食的晚餐，在油灯光线下却表现了这家农民豁达、诚实、安于天命和自食其力的自豪，梵高甚至自认此画乃生平最佳。

在中国工业化进程如火如荼的今天，进城的这对农民工，晚餐时表现出来的热爱生活、宠辱不惊、和平恬静和知足常乐，活脱脱的中国版《吃马铃薯的人》，油灯和晚霞底下闪耀的都一样，是人性的光辉。

而这，在浮躁如是的当今社会，是何等的珍贵！

艰苦做，快活食

写完“两幅画”，意犹未尽。

以前，国人由于食物短缺，尤其是社会底层的人们吃饭时，几乎不在意就餐环境，不在乎吃相，关注的焦点似乎只是食物。

我小时候食物极度短缺，听母亲讲，在我出生之前，父亲有一次从劳改农场（父亲是所谓的右派分子）回家，竟然一顿饭在半个钟头内连皮吃了七斤番薯！我一直在设想父亲这个文弱书生的如是吃相是何等模样。

那时家里吃饭时我们兄弟姐妹五人也会争先恐后，母亲总是说：“艰苦做，快活食（潮汕民谚，意思是劳碌是辛苦的，但是吃饭时要尽量从容些，自在些，广州地区也有类似谚语“辛苦揾来自在食”）”。为了避免我们相争，偶尔有肉的时候，母亲将肉片分为五份（父亲通常不在家吃，她自己又不舍得吃），哪怕只有一碟咸菜、两块豆腐乳，母亲也将小饭桌檫干净，摆放整齐，这才招呼我们吃饭，并一直教育我们吃饭不要猴急，不要囫囵吞枣，要尽量从容、自在和享受。

十六七岁的时候我参加生产队劳动，生产队偶尔在做极重体力农活时会集体做饭吃，通常是人均一斤四两大米的“定额”，但是吃得慢点的人最后去添饭时饭锅已经是空空如也，因此，大家总结出装饭的秘诀：一平二半三满，就是第一碗装饭装平碗就可以了，第二碗只装半碗饭，赶紧吃完装第三碗，第三碗要尽量压实多装，这顿饭的紧张程度一点也不亚于重体力农活，通常是极重的体力劳动将我累得趴下，吃饱后我又胀得摊在地上，几乎动弹不得。

后来考上大学，那时学校饭堂没有足够的餐桌和椅子，同学们拿着饭盆去打饭，一般都拿回宿舍吃，但是一边走一边吃的同学也不在少数。

大学毕业后我在河南省新乡县七里营公社（中国第一个人民公社）下乡锻炼，我发现公社饭堂竟然没有饭台（菜就放在灶台上），没有椅子！大家都端着碗蹲在地上吃饭，据说是中原遗风，因为历史上常年战乱，老百姓分分钟准备要端起碗来逃荒。

半个世纪过去了，随着我们社会经济条件的改善，现在一顿饭吃七斤番薯或一斤四两大米饭的人不多了，大学饭堂也有餐桌椅子了，河南人也大多不蹲在地上吃饭了，似乎物质经济条件是就餐环境和吃相如何的决定因素。

但是，《吃马铃薯的人》表现的那家荷兰人，晚餐虽然只有土豆，一家人还是围坐在餐桌，在灯光下从容自在地吃！似乎物质经济条件又不是唯一的因素。

《旧约·传道书》5：18说："我所见为善为美的，就是人在神赐他一生的日子吃喝，享受日光之下劳碌得来的好处，因为这是他的份。"

其实，母亲说的"艰苦做，快活食"，就是这个道理啊。

83. 松茸

松茸是口蘑科口蘑属中寄生于松树、杉树树根的珍稀野生食用菌，种名松口蘑（Tricholoma matsutake），别名松蕈、合菌、台菌，英文通常以源自日语的Matsutake来称呼，意思就是松树下的蘑菇。松茸分布在我国西南、东北和台湾，韩日也有分布，一般多产于海拔较高的地区，而且是不受污染的原始林地，往往还是50年以上树龄的松树或杉树上才有寄生。我国食用松茸的历史悠久，在唐代就已命名松茸。

品种类型

松茸多按产地分类，如西南松茸、东北松茸和日本松茸等等，国际上公认云南的香格里拉的松茸品质最好。近年来原产于巴西的姬松茸（属伞菌科），由于可以人工栽培大量生产，口感和切片晒干后的外观与松茸的有点相似，因此市场上常常有鱼目混珠的，甚至将印在包装上的姬松茸的姬字写小点，糊弄顾客。正经的松茸，一般多供鲜食，晒干的往往是采松茸的农民不小心将松茸弄碎、不成形，而且很少，现在市面上不多见。

农残风险

松茸野生于原始林地，对生态环境要求极高，据说采松茸的农民在林子里头大小两便，都会影响来年的产量。因此松茸没有农残超标风险。

烹调食用

松茸香味独特，嫩滑爽口，在西南的夏季、东北和日本的秋季，是不可多得的珍馐。鲜松茸多用于做汤，一般是炖好鸡汤后，取清汤再将松茸浸入汤中煮熟。用来炒肉片、炒青椒的，广州话叫牛嚼牡丹，也太过奢侈、浪费了。用铁板烤或者用锅煎，一般用牛油比植物油好多了，但是我的经验是鸡油也不错。其实在产地，现采现吃的话，生吃是非常值得推荐的。此外，值得指出的是，松茸娇贵，一般保鲜期不要超过三天，否则哪怕是没有腐烂变质，口感和香味也差多了，判断松茸是否新鲜，可看菌柄，如果干爽，一般都还新鲜，如果发黏，就已经开始变质了。如果碰巧你家里的新鲜松茸一时半会吃不完，一个比较好的方法是洗净后立刻用厨房纸吸干水，用保鲜膜包装后置急冻柜，保存上十天半月的，也还凑合。

传说和依据

1945年美国在日本投下了原子弹，在核爆地区，据说首先长出的多细胞生物就是松茸，因此，松茸的抗辐射能力被广为传说，加上松茸又只生长在原始林地，采摘的人越来越多，产量越来越少，人们追求健康食品的欲望又越来越强，因此，松茸的售价也越来越贵。

食用松茸对人体的保健作用有很多方面，而且还有相应的科学依据：近年来随着松茸醇、松茸多糖的发现和研究进展，松茸防癌抗癌的作用也被越来越多的实验证实，松茸醇、松茸多糖都可以阻断肿瘤细胞的蛋白形成，杀死癌细胞，松茸也被日本人普遍由于癌症的术后辅助治疗；实验已经证实松茸双链多糖可以提高人体T细胞活性从而提高免疫力；松茸醇还对黑色素的形成有阻碍作用，因此广泛用于美容和延缓衰老；松茸能显著提高体内胰岛素的形成，松茸富含的葡萄糖苷也有助于降低餐后血糖，因此松茸是糖尿病人的最佳食品；松茸的油酸亚油酸有助于软化血管，因此有助于心脑血管保健；此外越来越多的证据表明，松茸对肠胃和肝脏保健有良好作用。

倒是日本人广泛相信松茸能以形补形（松茸长得颇似男阳），因此认为松茸滋补壮阳，只是传说，未见可信的科学依据。

84. 橄榄

橄榄是橄榄科橄榄属中以采收果实为目的的栽培种或半野生种，热带、亚热带木本植物，别名青果、谏果、忠果（叫谏果和忠果是因为橄榄吃时酸涩回味甘香如忠臣谏言）。橄榄原产分布于华南的广东、广西、福建、江西、四川、浙江和台湾，其中以粤东、闽南和台湾比较出名。

品种类型

橄榄按照成熟果实颜色分青榄（又名白榄）和黑榄（又名乌榄），两种生物学上是橄榄属的两个种，黑榄的果实个头大一些，前者除潮州地区少数做橄榄菜外大都做水果用，后者一般用于制作榄角和盐橄榄当小菜，果核其果仁，是著名的榄仁。

农残风险

以前橄榄大都处于半野生状态，现在规模栽培生产的橄榄主要病虫害有炭疽病、木虱和粉蚧。一般说来，橄榄的农残风险低。

烹调食用

橄榄味酸、涩、甘，性温无毒，对解酒、解鱼蟹毒、化痰、治疗尤其是慢性咽喉炎等民间有大量验方。青橄榄一般当成休闲水果，在闽南和粤东地区，品质好的青橄榄有时卖价达到每千克上千元。

青橄榄除了当水果外，最传统潮州菜的橄榄菜将青橄榄煮熟去核、南姜（磨碎）、盐和芝麻油熬制的橄榄菜，那才是上品，后来用黑橄榄取代青橄榄，加入芥菜干熬制的，是中等的橄榄菜，现在餐馆供应的橄榄菜，大都已经很少橄榄了，以芥菜干为主，那是不入流的下品。此外，用青橄榄、南姜和6%～10%的盐一起打碎腌制的橄榄“散”（潮语），也是传统潮州人的送粥小菜，值得指出的是橄榄散甚至橄榄吃完剩下的南姜碎和汁，用来煮鲫鱼，简直妙不可言。用青橄榄与贝壳类海鲜如响螺、角螺、鲍鱼等炖汤，现在稍微高级的潮州菜馆大都有供应。

黑橄榄用于熬制盐橄榄、榄角和生产榄仁。榄角用于蒸鳊鱼、五花肉，是广东菜的名菜，在潮州地区，传统的咸菜、菜脯（萝卜干）和乌橄榄是农家三宝，居家必备的瓮菜。榄仁是世界上最好的果仁，没有之一，对于现在的我们来说，已经是不可多得的美味了，中秋月饼的五仁，说都是包括榄仁的，其实已经用量非常少了，大都用葵花籽充数。此外奢侈的炒饭，橄榄仁也是最佳配材。

东西橄榄东西情

金秋十月，“新米糜（粥）配新橄榄”是潮州人传统生活的一大乐趣。我一直纳闷，白居易的《送客春游岭南二十韵》中怎么会有“浆酸橄榄新”一句，橄榄可都是深秋季节成熟的，春游时哪来的橄榄新？如果说的树叶，橄榄冬季也不落叶啊。不管如何，深秋时节，水稻收割的同时，橄榄也成熟。送粥的橄榄，一是南姜橄榄“散”，二就是盐熬咸橄榄，一样的榄香十足，我敢说，如果你喜欢潮州粥，那么新冬米粥配新橄榄，将是非常好的享受。

在欧州南部及地中海地区，餐前小菜或者配菜中也有用盐腌制的“橄榄”，尤其是混有辣椒的那一种，也有青黄色和黑色两种，个头小很多，可口开胃，也是意大利粉和披萨等的主要调料。偶然到欧州的国人，如果不习惯西餐的大鱼大肉，这种开胃菜橄榄将大大改善胃口。

这种橄榄就是油橄榄，英文称Olive，一般做榨油用，也可果可菜。油橄榄属于木樨科木樨榄属，虽然果形都是椭圆形，但是连科都不同为什么也叫橄榄（Olive）？感到不忿的还有向外国人介绍我们的橄榄时是还得称为Chinese olive。

一次在油橄榄的原产地以色列旅行，不论是在耶路撒冷著名的圣地橄榄山，还是在历史悠久的特拉维夫大学校园，到处都见到油橄榄树，到处都听犹太人说他们的脑袋好用，尤其是他们引以为自豪的两个，即影响东西方的马克思和爱因斯坦，想起联合国国徽上左右两侧的橄榄枝，一种奇怪的想法涌上心来：左侧的油橄榄枝是爱因斯坦，右侧的橄榄枝是马克思。这两位伟大的犹太人，在美国举行的千年伟人评选中，分列一二位。

艺术的表达

“外婆给我一枚小小橄榄，啊又涩又酸又涩又酸，我随手把它把它抛掉，扔得很远很远。”这是一首20世纪70年代流行的台湾校园歌曲“小小橄榄”，脍炙人口，旋律大致按儿歌创作，歌词每句都有一处重复，艺术水平极高。

青橄榄作为水果，入口咬嚼，确实如歌中所唱，又涩又酸。但是《载敬堂集》谓：“食后良久口舌转觉清甜，初时涩味不再”，《南方草木状》说：“味虽苦涩，咀之芳馥，胜含鸡骨香”。咀嚼青橄榄的回甘回香确实是隽永，回甘中有果香、檀香和丁香，比如潮州的三“念”（果核三棱形）青橄榄、福州的檀香青橄榄和闽西南的丁香青橄榄就是青橄榄的极品。

唱歌的如果是无忧无虑的、如橄榄一样青涩的少男少女，一副少年不识愁滋味的样子，艺术的表达就完美了。只是后来大都是成年歌唱家出来演唱，听着再怎么装也不嫩的苍老声音唱这歌，就好像是在看外国片，懂外文又有汉字字幕，味同嚼蜡。咀嚼橄榄的回味以及藉此来表达的人生情怀都被歌唱者的声音直白地流露了，而这个主题，由听众做出感悟比起歌唱者直白表达，艺术效果可是天和地了。

骨灰级

骨灰级是新近流行的网络语言，大致老资格是引以自豪的意思。对橄榄香的品尝和追求，也有将橄榄核和橄榄木头烧成灰的。这是因为橄榄树受伤时会流出类似树脂的东西，像松香，以前用这种树胶熬制后给船补漏，树胶“干后坚于胶漆，著水益干耳”（《领表録异》），而树胶燃烧时会发出浓郁的橄榄香。

潮州的功夫茶闻名于世，用小炭炉和陶制水壶煮水泡茶，木炭的选择上，传统潮州人认为烧橄榄核的炭炉才是极致。橄榄核炭火，火力猛烈，持久稳定，烧火的同时橄榄香弥漫，茶香中带出果香、檀香和丁香。

广州的烧鹅，用果木，尤其是荔枝木烧制，是一大卖点。其实用橄榄树的木头烧烤（注意橄榄木一般烟大，要先生火除烟，否则烟熏味太大）更佳，荔枝木烧鹅比起橄榄木烧鹅来，小巫见大巫。橄榄木烧鹅，鹅肉香带出果香、檀香和丁香。

到橄榄林中寻找枯木，烧起篝火，一边煨芋、煨番薯、煨花生、煨栗子，芋香、番薯香、花生香和栗子香带出果香、檀香和丁香。

如果说上述三例对橄榄香的追求是骨灰级的话，下面一例就是骨灰级的极致：

深秋时节，橄榄成熟，熬制盐橄榄时，将黑橄榄与食盐按10：1左右的比例置锅中，加水至淹没橄榄，用橄榄木，最好是树头树根烧火，大致水开后还文火熬上100分钟，即成（注意不要煮到橄榄开裂）。其时趁热从锅中取出橄榄，一阵热气飘过，黑色的橄榄立马隐隐约约披上一层淡淡的盐花，趁热将橄榄丢入口中，果香、檀香和丁香浓郁得化不开，分不清你我，只有橄榄香：

煮榄燃榄枝，

榄在釜中泣。

本是同根生，

香煎何太急。

第五章

冬

85. 萝卜

萝卜是十字花科萝卜属中能形成肥大肉质根的二年生草本植物，别名莱菔、芦菔，英文称Radish。一般认为萝卜起源于地中海一带，近5000年前埃及人就广泛食用栽培萝卜了，我国的萝卜栽培食用历史也非常悠久，《诗经》中记载的菲，就是萝卜，2000多年前《尔雅》称萝卜为葖、芦葩，晋代解说《尔雅》时称为紫华、大根（现在日本人对萝卜的称谓起源于大根）、俗称雹突，《齐民要术》记录了萝卜的栽培方法，《本草》说萝卜有“消谷，去痰癖，肥健人”的食用功效，宋代的《本草图经》说萝卜：“南北皆通有之，北土种之尤多”，说明当时中国各地已经普遍栽培。现在萝卜是世界性蔬菜，各地都有栽培食用。

品种类型

萝卜是大家族，基本分为中国萝卜和四季萝卜。中国萝卜有根据生态型和冬性的强弱分为秋冬萝卜、冬春萝卜、春夏萝卜和夏秋萝卜。秋冬萝卜是传统主栽品种，入冬收获，有红皮、绿皮、白皮和绿皮红肉等类型，如北京的心里美和潮州的澄海火车头；冬春萝卜一般在长江流域生产，特点是不容易糠心，如成都的春不老萝卜；春夏萝卜在国内也普遍栽培，特点是比较容易抽薹，如南京的五月红；夏秋萝卜在黄河以南地区广泛栽培，特点是耐热，如广州的蜡烛趸。四季萝卜主要分布在欧州，近年来亚洲地区也有栽培，特点是叶片小，叶柄长，茸毛多，肉质根小，很早熟，适合生吃和腌渍，如上海小红萝卜。

农残风险

萝卜生产上主要病虫害有病毒病、霜霉病、软腐病、黑腐病、蚜虫、菜青虫、菜心野螟、菜蛾、地老虎等。一般说来，萝卜的农残风险低，但是在一些地下害虫危害大的地区要警惕菜农使用高残留杀虫剂。

烹调食用

我国有民谚“冬吃萝卜夏吃姜”和“冬日萝卜赛人参”，除了因为是强调萝卜的祛痰、止泻、利尿等功能外，主要是因为萝卜富含芥辣油和莱菔籽素两种物质，这两种物质不仅味辣，而且具有萝卜的很多食疗作用。但反而是高温下有利于这两物质的形成，这也是夏天萝卜味辣的缘故。因此，似乎四季都吃也不错。

我国萝卜栽培食用地域广泛，各地对于烹调萝卜都有出名的方法。萝卜营养丰富，可生吃、炒食、做汤、腌渍和干制。生吃的话，北京的心里美蘸酱和上海的糖醋泡小红萝卜都很诱人，近年来刺身流行，用萝卜丝做刺身的配菜也很多；炒食可荤可素，可切片也可切丝；骨头炖萝卜汤全国都有，记得读过梁实秋的小品文，说他在家里请客，吃排骨炖萝卜，特别受欢迎，客人请教梁太太秘诀，梁太太说多放排骨少放萝卜。萝卜骨头汤中如果加入几个青橄榄同煲，风味更佳，对入冬季节的润燥也很有好处。或者骨头、萝卜和墨鱼干同炖，味道也不错；萝卜干全国都有，各地也都有知名的萝卜干，比如浙江萧山萝卜干、四川万县萝卜干和潮州揭阳地都萝卜干等，萝卜干炒蛋是潮州人的家常便菜。

介绍一种潮州萝卜糕，将萝卜削皮刨丝，挤干水，用淀粉、生花生米碎、香菇碎、火腿碎、海米碎、姜蓉和少许五香粉混合拌匀做蒸糕，或热吃，或置凉后切片油煎，或做成馒头状，叫菜头丸，或卷成条状，叫卷长（通常包上腐竹皮），都很有特色，其他地方的萝卜糕，大都萝卜煮熟后才抓碎做糕，吃不到一丝丝的萝卜丝，口感差远了。

萝卜有心

现代有俗语“花心萝卜”，是称呼、形容用情不专之辈，颇有花花公子的味道，贬义，古代也有类似的民间俗语，比如《金瓶梅》中就有“腊月萝卜——动了心”的歇后语，动了的也大都是坏心眼，似乎萝卜心就是贬义的。

想起香港人蔑称日本人为萝卜头，据说是因为二战时侵华日军的发型比较奇异，像带缨的萝卜，香港人也想像砍萝卜一样杀敌报国，因此叫鬼子萝卜头。日本的萝卜由我国传入，日本人称呼萝卜为大根，是源自我国晋朝称谓，因此也有一说，二战时中国民众被迫叫鬼子太君，发音与日语说萝卜大根类似，因此香港人称鬼子萝卜头。不管何种来源，用萝卜头称呼日本人也都贬义。

日本人对萝卜似乎情有独钟，二战时期的日本国内贫民，萝卜丝饭都吃不饱，还支撑那场侵略战争，如日本电视剧《阿信》中描述的情形。战后一度日本人广泛挨饿，甚至在东京，用两块饼干美国大兵就可以换取一个日本少女的贞操。真是萝卜有心，恶有恶报！

我国北方传说着一个故事，说一年冬天，有一个贫穷的人力车夫，母亲病危之际，对车夫说想吃一个梨子，车夫当然没有钱买，于是拉车出门拉客，但是生意不好，饥寒交迫的车夫到了天黑还是赚不到钱买梨子，万般无奈时，看到有卖萝卜的，于是用尽身上的钱买了一个萝卜回家，也许感动了苍天，吃了清脆解渴的萝卜后，母亲的病竟然神奇地好了。真是萝卜有心，孝心动天。

看来萝卜心有好有不好，可褒可贬，不能一概而论。

萝卜无蛋

潮州的小吃很出名，牛肉丸、鱼丸等风行各地。一百多年前潮州人到香港谋生，在街头摆卖，为了做英国人的生意，据说有小贩在小吃上挂了英文挂牌，由于鱼丸潮州人称鱼卵（现在粤语系统叫鱼蛋），于是就机械地写了Fish egg，牛肉丸写上Beef egg，外国人看了先是不知所谓，然后喷饭。英文称鱼籽Roe，鱼籽酱Caviar还是名贵食品，鱼卵Fish egg是什么东西？牛肉哪来的卵？其实鱼丸和牛肉丸应该称Fish ball和Beef ball。

最好笑的还是萝卜糕的翻译，潮州萝卜糕也叫菜头丸，小贩竟然按鱼卵依样画葫芦地写上Radish Egg！这就更加令人捧腹了，萝卜有蛋？

不需捧腹，早期中西文明的交流中，类似的笑话还多了去。甚至二战前的香港，一个英文字母P（停车场），不是也要附上“如要停车，乃可在此”八个汉字吗？

萝卜无蛋。

86. 胡萝卜

胡萝卜是伞形花科胡萝卜属野胡萝卜种胡萝卜变种能形成肥大肉质根的二年生草本植物，别名红萝卜、黄萝卜、番萝卜、丁香萝卜、胡莱菔金、赤珊瑚和黄根等，英文称Carrot。胡萝卜起源于阿富汗一带，栽培历史有2000多年。我国大约700年前从伊朗传入，400年前日本从我国传入。现在胡萝卜是世界性蔬菜，我国南北各地均有栽培。

品种类型

按照肉质根的形状胡萝卜可分为三类：一是短圆锥形，这类胡萝卜早熟，个头小，大都单个小于二两，一般春季收获，耐热，虽然产量低但品质好，清甜脆嫩；二是长圆柱形，比较晚熟，一般肩部稍稍大些，广东以前有麦村胡萝卜；三是长圆锥形，中晚熟，味甜，广东有汕头红胡萝卜。

农残风险

胡萝卜生产上主要病虫害有黑腐病、菌核病、软腐病、蚜虫和凤蝶等，食用农药不多，一般说来胡萝卜的农残风险低。

烹调食用

胡萝卜富含胡萝卜素，胡萝卜素与维生素A的化学结构类似，在人体消化道内胡萝卜素很容易转化为维生素A，以前营养供应不好时，食用胡萝卜预防和治疗夜盲症和呼吸道疾病的说法和做法很普遍。中医认为胡萝卜味甘性平，归脾、肝和肺经，能健脾消食，补肝明目，下气止咳。

由于以前北方地区的蔬菜生产设施和运输条件的限制，冬天的胡萝卜和大白菜与土豆就成了餐桌蔬菜老三篇，我以前在北京工作时就体会颇深。胡萝卜可生吃、炒食、煮食、酱渍、腌制和制作胡萝卜汁。生吃的话尽量挑选短圆锥形胡萝卜；炒食最好是切丝，宜荤宜素，荤菜与猪牛羊肉搭配均可，切片的话口感差些；煮食一般都与骨头或肉同炖，而且一般都炖得很烂，比如牛尾炖胡萝卜，就流行全球；如果想通过食用胡萝卜提供胡萝卜素，最好喝胡萝卜汁，因为胡萝卜素在烹调的过程中很难从细胞壁溶出，而加工胡萝卜汁的机械研磨有利于胡萝卜素溶出。广东人煲汤或糖水，爱用胡萝卜，但是人体能利用的胡萝卜素就不多了。

道具的力量

由费雯丽主演的改编自小说《飘》的电影《乱世佳人》，以庄园主女儿斯嘉丽的爱情生活为主线，描写了美国南北战争时期美国南部一代文明的随风而逝，迄今为止好几十年了，还是世界电影的顶峰之作。电影分上下两个半部，在上半部结尾，大约有三分钟的一小节，胡萝卜作为道具，发挥了强大的艺术感染力。

战乱中斯嘉丽回到了庄园，仆人们向她抱怨没有照顾小孩和病人的人手，挤奶工也没有，没有吃的，“园子里头只有胡萝卜了”。斯嘉丽冲出老房子，面对战火蹂躏过的庄园，看上去百废待兴，她在园子里菜地上拔出一根胡萝卜，右手握拳向上举，自言自语地说，请上帝见证，她和家人永远也不会再挨饿了。此时，画面的右侧是一棵战火烧过的橡树，战火也似乎烧红了漫天的红霞，画面渐渐拉远，随着主题曲从沧桑变得雄壮，达到了艺术的高潮。

而胡萝卜作为道具，在这里的艺术感染力是通过两个方面达成的。首先，胡萝卜生长在土地上，而土地对于爱尔兰人来说更是比生命还重要，斯嘉丽从小就受到爱尔兰家庭的熏陶，对土地也充满激情，这在影片中也有多处描写。其次，长期以来胡萝卜在全球都被认为以形补形，是壮阳食品，尽管其实除了前几年美国有人调查显示经常食用胡萝卜的男人精子的活力比较好外，没见其他壮阳的有直接根据的报道，但一直以来胡萝卜似乎就是男人的象征，尤其是在西方语言语境中。影片中战后斯嘉丽一条像样的裙子也没有，为了去阿特兰大的交际场所，将窗帘布撕下改成裙子等细节以及爱情生活主线都很好地回应了这一幕。

电影观众需要细心体会，才能理解胡萝卜作为道具在此如此强大的艺术感染力。

87. 牛蒡

牛蒡是菊科牛蒡属中能形成肉质直根供蔬用的二三年生草本植物，别名大力子、日本牛鞭菜等，英文称Edible burdock。牛蒡原产我国，种子和根一般做中药，治疗咽喉炎、牙痛等症，公元940年传入日本，后来日本人培育出肉质直根发达的蔬菜专用品种，近年来国内的生产有较大的发展。

品种类型

现在的牛蒡品种，多为日本人育成，一般按照生长期分早、中、晚熟种，早熟中生长期90天左右，宜做炒食用，晚熟种180天左右，多做汤料或加工脆片。

农残风险

生产上牛蒡的主要病虫害有白粉病等真菌病害和蚜虫等，使用农药不多，但是如果地下害虫猖獗的地方栽培牛蒡，还是有些菜农违规使用高残留农药。一般说来牛蒡的风险低。

烹调食用

牛蒡可生吃、酱制、炒食、炖汤、做脆片当零食、干制牛蒡茶和制作牛蒡汁。酱制、生吃和炒食尽量挑选肉质根嫩一点的，因为一般稍微老点的牛蒡纤维较多，影响口感；炖汤似乎成了我国民众食用牛蒡的主要做法，汤料选配多种多样，如牛蒡、竹笙鸡汤，骨头牛蒡汤，等等，值得指出的是炖汤后最好喝汤吃牛蒡，不要丢弃牛蒡汤料。由于牛蒡我国传统叫大力子，新近又称牛鞭菜，因此许多人以为牛蒡具有壮阳作用，其实牛蒡空有其名，徒有外表，食疗作用与壮阳没有关系。倒是对咽喉炎、高血糖、皮肤过敏、海产品等特异性蛋白过敏有较好的食疗作用，用牛蒡和荸荠煮水煮汤，对因高血糖、特异性蛋白质尤其是海鲜类食物过敏等引起的皮肤瘙痒，很多朋友尝试过，确实有效。我想，说不准这是牛蒡在日本流行的主要原因呢。

一只蜂子

一千多年前，牛蒡由我国传入日本，后来日本人选育出肉质直根肥大的蔬用品种，近年来我国民众似乎很是受用，广泛种而食之。

中国文化哺育了日本2000年，现在识汉字更是日本人有文化的象征。一百多年前，西方文化传入日本时，日本人用汉字翻译了一大批新名词，清朝末期时这些汉字西洋新名词又传入我国，比如政治上的宪法、社团和法庭，哲学上的哲学和唯物论，医学上的内分泌和解剖，军事上的迫击炮和番号，生活上的铅笔和电池，等等，据统计有500多个，直接引入中文系统。

晚明时期，中国色情文学泛滥，出现了以《金瓶梅》为代表的一大批色情小说，后来清朝统治者下了一番力气禁毁，国内一些小说几乎绝迹，但是传入日本的小说反而保存下来，几十年后不仅反馈回中国，而且传播到法国等地，后来法国更是出现了拉冈等青出于蓝的色情小说家。

鲁迅在《在酒楼上》里自喻飞了一圈又倒回原点的蜂子，令多少读者感叹人生情怀。其实，与汉字新词、色情小说一样，牛蒡又何尝不是这样的一只蜂子呢。

88. 山药

山药是薯蓣科薯蓣属中能形成地下肉质块茎为产品器官的栽培种，一年生或多年生缠绕性草本植物。在亚洲、非洲和美洲都有山药的起源和驯化，非洲一些热带地区民众以山药为主食，我国2000多年前的《山海经》就有对山药的记录，长期以来亦药亦蔬生产食用。

品种类型

我国栽培的山药有两个种，普通山药和田薯，前者全国均有分布，后者大都分布于

热带亚热带地区，两个种的山药都按照肉质块茎形状分为扁块种、圆筒种和长柱种。

农残风险

山药生产上主要病虫害有白涩病、根腐病、炭疽病、褐色腐败病、蛴螬和斜纹夜蛾等，虽然山药的规模化生产一般需要使用农药，但一般说来农残风险低，如果地下害虫危害猖獗，必须警惕有个别菜农使用高残留农药。

烹调食用

传统国人将山药亦药亦蔬，中医讲究山药味甘性平，归脾肺肾经，现代人讲究山药有利于高血糖的辅助治疗和血管保健，因此近年来山药的消费和生产都有大的发展。山药用于煮食、炒食、做汤、熬粥和做餐后甜品等，煮食可以直接当杂粮吃，或者讲究一点的做山药泥；炒食的话素炒可与西芹、木耳等混炒，荤菜山药炒羊肉也非常合适；做汤以咸骨山药汤比较出名；熬粥大米小米都可以，宜甜宜咸，甜粥的话一般还加有枸杞同熬；用田薯削薄片做餐后甜品也很流行。值得指出的是山药富含带多糖蛋白质的黏性物质，一些人认为这是山药有助于改善血管的基础，但是缺少更详尽的科学依据，倒是这黏性物常常使削皮时接触的人手皮肤过敏、发痒，因此削皮切块时必须注意。

Yam

山药品种类型复杂多样，因此对山药的称呼五花八门。山药古名薯蓣，据说唐朝的时候因为避讳皇帝李预，改称薯药，宋朝又因为避讳皇帝赵曙，这才改称山药。民间山药因为产地的不同叫法也不同，再加上普通山药的干制片又是知名的中药淮山，因此别名多多，有大薯、佛手薯、土薯、山薯蓣、怀山药、淮山药、白山药、水山药、毛山药、光山药、田薯、甜薯等等，一些人甚至混淆不清。甚至一些文献对山药的记载也混乱不堪，比如有说山药性温的，也有说性凉的。

生物学上山药主要包括两个种，普通山药和田薯。所以只要大致按这两大类归类，就不会搞错。普通山药性温平，长柱状普通山药干片做中药，而田薯性凉平，一般只用于充饥或蔬菜或甜品食用。不管干湿，不管肉质块茎形状如何，潮州人称呼普通山药为淮山，叫田薯为大薯，倒是比较合理。英文称呼山药Yam，其实是对薯类的统称，近年来国际上流行用中药保健，因此很多人用Chinese yam称呼淮山，以示分别，也很合理。

说英文的人如果话中夹杂发音Yam时，在口语中也是广东人叫“话屎”的废话口头语，比如有点口吃的人说“我，我，我”的意思，没有实际意义，因此说起含糊不清的山药，Yam，Yam，倒是很有趣。

89. 沙姜

沙姜是姜科山柰属中以肥大块茎供蔬用的一年生草本植物，又名三柰、山柰。沙姜的英文称呼比较混乱，泰国的沙姜是我国的同属类似种，泰国人讲英文称其Krachai，但是称呼沙姜，还是与高良姜相同合适些，叫Galangal似乎更合适。沙姜原产东南亚热带，我国的栽培食用历史也很悠久，现在以海南和两广为主要产区。沙姜是广东菜系中知名的调料，广东省以湛江、阳春、德庆和饶平的沙姜最为出名。

品种类型

虽然已知泰国的沙姜与我国的是不同的两个种，但是有关国内沙姜的品种类型文献不多，情况不甚了解，广东省不同产地的沙姜外观上也未见有较大的不同。

农残风险

沙姜生产上病虫害不多，主要有姜瘟和叶枯病等，一般不需使用农药防治，农残风险低。

烹调食用

沙姜味辛性温入胃经。沙姜富含龙脑、萜类和烯类等挥发性香味物质，是广东一带菜肴的知名调味品。广东湛江白砍鸡的调料就是沙姜碎、酱油和花生油的混

合，著名的盐焗鸡就是用沙姜调味，除了做鸡的调味品外，沙姜鸭、沙姜鹅、沙姜狗肉、沙姜猪肚、沙姜猪脚和沙姜猪俐等都很知名，奇怪的是广东菜系用沙姜调味海鲜，一般只有鱿鱼、章鱼和螃蟹，其他鱼类的烹调很少用沙姜调味，而在泰国，用泰国沙姜几乎是烹调所有海鲜类食品的万金油。此外，广东人有民谚“男怕沙姜，女怕麝香”，麝香是容易导致孕妇流产，而沙姜广东人认为多食败阳，据说多食伤肾，但是直接的科学根据不足。

斯科尔斯

英国知名的足球队曼彻斯特联队，以前有一位知名的后腰队员斯科尔斯（广东人翻译为史高斯），球风老辣，攻防俱佳，常常有惊艳的进球，在他效力曼联的时期，几乎是曼联的鼎盛期，因此，他与坎通纳、基恩、贝克汉姆等一样，是老一代曼联球迷心中的偶像。

斯科尔斯的头型和发型，与沙姜很像，因此包括香港、澳门在内的东南亚一带，不仅球迷，媒体都亲密地称呼斯科尔斯为沙姜头，不仅仅是外形像，而且东南亚一带民众对沙姜认识颇深，沙姜之于盐焗鸡，就是斯科尔斯之于曼联，因此叫斯科尔斯做沙姜头，恰如其名。

90．南姜

南姜是姜科山姜属中以肥大块茎供做调味蔬用的一年生草本植物红豆蔻，别名芦苇姜，英文称其Galangal，与高良姜叫法相同。南姜原产东南亚热带，我国现在以海南、粤东、闽南和台湾为主要产区。南姜不仅是尤其潮州菜系中知名的调料，还是制造万金油、风油精和驱风油等小保健品的材料。

品种类型

虽然已知泰国的南姜与我国的是同一种，但是有关国内南姜的品种类型文献不多，情况不甚了解，各地南姜外观上也未见有较大的不同。

农残风险

南姜生产上病虫害不多，主要有姜瘟和叶枯病等，但一般也不需使用农药防治，农残风险低。

烹调食用

南姜味辛性温入胃经，散寒健胃。南姜富含芦苇姜素和山姜素，具桂皮香味，辛辣，是潮州菜中几乎最出名的调味香料。南姜的木质化程度高，姜块硬，传统上使用南姜都用石臼打成粉碎，稍嫩些的用磨砵磨制，就是潮州人讲的南姜麸，这样香味才出得来，都市人家里如果没有石臼，用电动粉碎机更方便，但是始终没有传统磨钵磨制的口感好。传统烹调上潮州卤水出名，诀窍即是香料中有大量的南姜；著名的潮州橄榄散，就是以南姜碎和青橄榄和食盐腌制；传统潮州人吃生腌渍的血蚶、虾姑等泥味重的食材，蘸食的酱料，就是南姜麸、梅酱和白醋的混合物，潮州人叫三渗酱，其实用三渗酱配食如羊肾等膻味大的食材，也是很好的。潮州白斩狗、白斩鹅、传统咸菜、贡菜等知名食品都以南姜调味。新派潮州菜用南姜做烤鸡、三杯鸭等最近也很流行。近年来潮州菜流行全国，甚至著名的四川火锅，也有在锅底香料中加入南姜的，看来南姜大有冲出潮州走向全国的势头。

文化杂谈

一带一路

台湾、闽南和粤东地区，语言同源，俗称闽南语系。这三个地区人们不仅喜欢用南姜做香料烹调菜肴，而且用来腌制水果或制作果脯，比如李子、橄榄、杨桃和杨梅等。台湾人还喜欢在食用杨桃、番石榴等新鲜水果时，用南姜红糖粉配食，口感刺激开胃，汕头有些地方人们蘸点酱油食用杨梅，其实如果在酱油中加入南姜

碎，风味更佳。广东的雷州半岛和海南岛，当地话也是属于闽南语系，对南姜也有一定认识，海南岛有一种特产酸橘，海南人当醋做佐料用，吃海南的白斩东山羊、文昌鸡和积架鸭，用酸橘汁拌南姜蓉蘸食，风味独特，惹味。东南亚越南泰国一带，闽南语系的华侨众多，在泰国城市潮州话似乎是通行无阻，泰国菜中南姜更是普遍应用，比如著名的冬阴汤，就采用了大量的南姜，在泰潮州人叫南姜为暹罗姜，泰国话叫可哈。南姜原产东南亚热带地区，潮州的南姜从东南亚传入，看来在地理上这一条闽南语的迁徙之路，也可称为南姜之路。

有趣的是，这条南姜路沿途传统上人们喜欢吃鱼露，鱼露是用鱼，尤其是海鱼发酵制作的酱油，因此饮食文化上有著名的鱼露文化带，北起日本南部、韩国南部、中国东部沿海，南至越南、泰国，看来南姜之路与鱼露文化带高度重复。

这就更加有趣了，一带一路，流行语啊。

91. 大白菜

大白菜是十字花科芸薹属芸薹种种能形成叶球的亚种，一二年生草本植物，别名结球白菜、黄芽白、包心白菜，广东人叫绍菜，古称菘，英文统称Chinese cabbage。大白菜原产中国，是我国最著名的特产蔬菜之一，但是起源于芜菁与白菜杂交还是野生芸薹植物，现在还没定论。现在亚洲地区多有栽培生产，尤其是东北亚地区。

大白菜耐贮运，传统上是我国尤其北方地区的几乎是最重要的蔬菜，在中国北方，大白菜长期占蔬菜生产面积的30%以上，以前运输条件和蔬菜生产设施有限，北方冬天蔬菜供应紧张，包括北京在内的北方大城市，为了稳定城市冬天蔬菜供应，还给居民发放大白菜补贴，鼓励市民冬藏大白菜，20年纪的人应该记忆犹新。

品种类型

一般将大白菜分为散叶、半结球、花心和结球变种。近年来在华南地区也有将散叶和半结球变种类型的大白菜半青半白地生产消费；花心变种叶球顶不闭合，耐寒，炒食品质好，如北京的翻心白；传统上结球变种又按照叶球形状分卵圆形、平头形和直筒形，近年来随着育种的发展，大白菜的叶球出现了许多介乎三种之间的新品种。

农残风险

大白菜生产上主要病虫害有病毒病、霜霉病、软腐病、黑斑病、白斑病、炭疽病、根肿病、蚜虫、野螟、菜粉蝶、菜蛾、地老虎、蝼蛄、蛴螬、夜蛾和跳甲等，虽然一般都需要使用农药防治，但是大白菜成熟后期时间长，所以产品农残风险低。

烹调食用

大白菜味甘性微寒，归肺、胃和膀胱经。大白菜可生吃凉拌、炒食、煮食、做馅和腌制等。品质好的大白菜凉拌生吃，口感嫩脆；炒食和煮食宜荤宜素，荤的话鱼肉均宜；做馅包饺子或包子，也很流行；以大白菜为主体的泡菜，更是风靡东北亚。由于大白菜流行地域广、历史长，各地都有知名的烹调方法，不赘。介绍一款潮州比较出名的大白菜煮三丸，砂锅加入上汤，大白菜用心部嫩黄部分，纵切，与鱼丸、虾丸和墨鱼丸一起煮，开后再文火煲五分钟，上菜前加入芫荽和几滴香油，说国宴级一点也不过。

文化杂谈

绍菜

广东人叫大白菜为绍菜，近年来广东菜流行，这个叫法也流行，国内西南四川云南一带，叫绍菜的越来越多，国外的餐厅也有很多按广东人叫法和粤语发音，称呼大白菜为Suey choy。其实传统上广东人讲的绍菜，指的是直筒形叶球的大白菜，而且商品绍菜的外部叶色还隐隐约约带一带绿色，而顶部心叶鹅黄色的那种，类似天津黄芽白，而不包括卵圆形叶球和平头形叶球的大白菜，不知道为什么现在所有的大白菜都被叫做绍菜？

其实问问广东人为什么将黄芽白叫绍菜更有趣些，作为广东人的我也一直为这个问题困扰。从绍字的本义考虑，有联系带、发扬光大两重意思。这提供了两个解释，一是以前栽培大白菜，开始包心的时候，菜农通常用一条禾草带子将大白菜整株拦腰绑束，促进叶球形成，因此叫绍菜。现在广东各地菜农都还有这种习惯，只不过现在的品种结球性状稳定，绑不绑束叶球都形成很好，只是做这样的理解也显得太学术化了；第二个解释我好像在哪里读或听说过，说是北方如京城以前为了冬天供应大白菜，建造了很多地窖，入窖的大白菜也有连头带土地贮藏的，在昏暗的地窖中，还有生命力的大白菜隐隐约约有光发出，因此叫绍菜，此外，广东人对一些古老的说法也特别坚持，比如清朝初期要汉人剃头，一直到现在，传统的广东人只讲剃头，不说理发，这个特点也更加支持后一种解释。

大白菜古代称菘，意思是说与冬天还绿色的松树一样，冬天大白菜也可供应蔬用，而且还有春韭冬菘的说法。看来还是北方人文化水平高，广东还是南蛮啊，哈哈。

92. 小白菜

小白菜是十字花科芸薹属芸薹种白菜亚种的一个变种，以绿叶为主要食用器官，一二年生草本植物，别名普通白菜、白菜、青菜、油菜等，英文统称Chinese cabbage，国外餐厅称Pak-choi是根据粤语发音。小白菜原产亚洲，是我国尤其是长江以南地区最普遍生产食用的蔬菜。

品种类型

小白菜品种类型繁多，一般分为秋冬白菜、春白菜和夏白菜。秋冬白菜分布在南方地区多些，如广东的乌叶小白菜，春白菜在长江流域多些，夏白菜全国都有分布如广东的马耳白菜，但是随着近年来蔬菜育种的发展，一些品种的夏、冬性不明显，比南方地区流行的上海青。此外各地都有小白菜的地方知名品种，不仅适合当地的气候条件和生产栽培水平，而且蔬菜品质好，各地也有相应的烹调方法。

农残风险

小白菜生产上主要病虫害有病毒病、霜霉病、白斑病、根肿病、蚜虫、小菜蛾、跳甲、夜蛾、菜青虫和菜心野螟等。近年来小菜蛾、跳甲等的防治比较棘手，因此在气温较高又干旱的季节如华南地区的夏秋季节，小白菜的农药残留超标还是偶有发生，一般说来，小白菜农残风险夏秋季节时中等偏低，其他季节低。

烹调食用

小白菜可炒食、做汤、腌渍、干制等，各地都有流行的烹调方法，奢侈的如鱼翅小塘菜，家常的清炒小白菜，一般与蒜蓉混炒，长江流域一带与香菇调味同炒，也很出色。此外，秋冬季节蔬菜供应充足，将小白菜水烫后干晒做菜干，用来熬汤、煮粥或者焖五花肉，也是华南地区民间普遍的。介绍一种潮州当地品种黄酸白小白菜，现在广东各大城市肉菜市场经常有售，用来半汤半菜煮鱼头，柔嫩清甜，缺点是黄酸白小白菜叶薄易干，不容易保鲜，市面供应的大都是近距离贩运。

菜毛和毛菜

五叶真叶期左右的小白菜苗，收割起来，上海人叫鸡毛菜，广东人叫菜毛，前者有遍地鸡毛可帮助理解，后者则需懂粤语方可明白，毛者，小也，粤语所谓虾毛，非虾有毛者，实小虾也。其实汉语中常用毛来表达小和未成熟，如毛头小子和黄毛丫头等。

上海人的鸡毛菜，是普通百姓的家常便菜，一次在虹口机场餐厅，吃到一碟清炒鸡毛菜，我径入厨房请教师傅，做法如下：鸡毛菜洗净（菜毛多带泥沙），猛火烧锅，用猪油热香蒜蓉，放菜翻炒，以鱼露取代盐巴，菜熟即可上碟，切忌过火。菜色青绿油亮，口感嫩、脆、鲜，一碟当前，两碗白饭下肚矣。

广东的菜毛，做法也可多种多样，或如上炒而食之，或宜汤宜菜。一次在香港喝早茶，要了一碗猪红（猪血），我已习惯猪红的配菜是韭菜，及至上桌一看，几条菜毛在猪红上格外夺目，吃上去柔嫩清甜，更是别有风味。

菜毛和毛菜，称呼各有各道理，做法也五花八门，但是不变的是上乘的口感、味道和营养。

阳光的味道

从农场带来刚刚晒干的小白菜菜干，急忙到市场上买来几块汤骨，菜干洗净后加进汤骨和一点南北杏，加水明火煲两小时，吃饭的时候，我连喝三碗。啊，多么纯正的菜干汤，多么浓郁的、亲切的阳光的味道。

记得多年前一个秋天在葡萄牙小城“花地玛”旅行，太空是那么的湛蓝，阳光也格外灿烂。晚上入住一个小旅馆，洗完澡上床睡觉，发现床上的床单、被套和枕头套，全是新洗浆晒干的，被窝里散发着浓浓的、久违的阳光的味道。那一晚，我脱去睡衣裸睡，在阳光的味道中皮肤与浆洗后有点发硬的床单摩擦，我睡得特别的酣畅、香甜。

现在在大城市的混凝土森林中生活，我们的衣物，有多少回是在阳光底下直接晒干的？刚刚晒制的新鲜食品，一年里我们又能品尝几回？阳光的味道这个最原始的对万物生长靠太阳的体验，似乎渐行渐远，想想真可悲啊。

咸鱼白菜也好好味

题目是一句20世纪七八十年代流行的粤语歌歌词，那首歌我上大学时十分流行，原唱者许冠杰，好像林子祥也演唱过：“有了你开心点，乜都称心满意，咸鱼白菜也好好味”。这是一首情歌，歌词大意是有情饮水饱的意思，其中的白菜粤语大都指小白菜。

粤语语境中，咸鱼白菜就是过普通清贫生活的意思。恋爱中的人，凭着对爱情的执着，唱唱这种白菜情歌是美丽的事，但结婚建立家庭以后，生活的重担有时会让人起变化。鲁迅的小说《伤逝》，男主人公涓生和他的恋人子君冲破了传统观念的枷锁，建立了自己的家庭，但婚后家庭没有物质力量的支撑，爱情也就无所附着，涓生在家庭面临困境时，灵魂深处那些自私卑鄙的意识产生了，想以摆脱子君来赢得新的自由生活，最后造成子君离开涓生走向坟墓的悲剧，使涓生抱憾终身：“我愿意真有所谓鬼魂，真有所谓地狱，那么，即使在孽风怒吼之中，我也将寻觅子君，当面说出我的悔恨和悲哀，祈求她的饶恕；否则，地狱的毒焰将围绕我，猛烈地烧尽我的悔恨与悲哀。”

恋爱中的人儿，在唱咸鱼白菜也好好味的同时，如果能读读《伤逝》，将会减少很多悲剧发生，尤其是在这个物欲横流的浮躁社会。

流行原因

“小白菜呀，地里黄呀，两三岁上，没了娘呀；跟着爹爹，还好过呀，就怕爹爹，要后娘呀；娶了后娘，三年半呀，生了弟弟，比我强呀；弟弟吃面，我喝汤呀，端起碗来，泪汪汪呀”。流行在华北地区的河北民歌《小白菜》，歌词和旋律属于儿歌范围，艺术感染力强大，多年来一直有人传唱。

一般说来，儿歌应该是儿童玩耍时唱的，应该天真无邪，充满快乐。《小白菜》用我国百姓人家普通的菜蔬小白菜，比喻为农村里头贫民人家丧母的小姑娘，唱出了对重男轻女的控诉，歌词和旋律忧郁悲伤，这和其他儿歌大相径庭。也许是这个原因，《小白菜》才显得格外出名。

但是未必尽如此。我国旋律优美流行广阔长久的的儿歌少之又少，《两只老虎》的曲子，还是沿用法国人的，大革命时代还填词“打倒劣绅，打倒劣绅，除军阀，除军阀”呢。旋律优美的儿歌少，物以稀为贵，这应该也是《小白菜》在我国流行时间长、地域广阔的原因之一。

93. 乌塌菜

乌塌菜是十字花科芸薹属芸薹种白菜亚种的一个变种，以墨绿色叶为产品器官的二年生草本植物，别名塌菜、塌棵菜和瓢儿菜等，英文统称Chinese cabbage，或按拼音叫Wuta-cai也可。乌塌菜原产我国，在宋代就有记载，目前以长江流域为主要分布区，是这一带民众冬季主要的绿叶蔬菜之一。

品种类型

乌塌菜分为塌地类型和半塌地类型，前者生长周期长（长的可达4个月），单棵重量大（大的可达每棵500克），叶丛塌地，叶色墨绿；后者生长期短（短的两个月出头），单棵重量小（一般200克左右），叶丛半直立，半结球。

农残风险

乌塌菜生产上主要病虫害与小白菜的大致相同，由于生产季节气温较低，因此病虫害轻多了，一般说来乌塌菜的农残超标风险低。

烹调食用

由于生长周期长，生长季节低温，因此乌塌菜在白菜类蔬菜中最有菜味。两湖人用红辣椒干调味爆炒，长江口一带用香菇调味爆炒，河南安徽人用蒜蓉调味爆炒，均佳。其实上海人用贝壳类水产品如沙蛤与乌塌菜做清汤，也是清甜鲜美。不管何种烹调方法，只有在冬季霜打雪压后的乌塌菜，才是极品。

乌乌塌塌

40多年前，广东省冬季乌塌菜的栽培生产并不特别少见，尤其是粤北山区一带，但现在几乎难觅芳踪。现在省港一带大城市如穗、深、港的冬季，霜打雪压过的乌塌菜常常被尤其是北方南来的市民视为蔬菜中的宠儿，卖价常常是本地小白菜的数倍。

乌塌菜的生产从广东退出的原因，第一是周期太长，哪怕是在冬季，广东一般小白菜都不会超过60天，因此生产一茬乌塌菜的时间几乎可以生产两茬小白菜，广东省的蔬菜生产基地又十分紧缺；第二是虽然讲饮讲食的广东人对菜味的追求水平不低，但一般居民对乌塌菜的品质好、菜味足认知不足；第三是冬季正是广东蔬菜生产的黄金季节，可供选择的蔬菜品种繁多；第四，会不会是气候变暖的原因呢？乌塌菜耐寒能力相当强，甚至是在−10℃都不至于冻死，而且，只有经历霜打

雪压后的乌塌菜，品质才达到顶级。于是，乌塌菜在广东的生产乌乌龙龙地就塌了下来。

幸好现在运输条件好，冬季市场上才有乌塌菜供应。

94. 菜心

菜心是十字花科芸薹属芸薹种白菜亚种中以花薹为产品器官的变种，一二年生草本植物，古称薹心菜，国内学术界均称菜薹，菜心是广东叫法，但是近年来大有取代菜薹叫法的势头，英文统称Flowering Chinese cabbage，在国外一些餐厅按粤语发音称菜心为Choi-sam。菜心起源于华南地区，从容易抽薹的白菜驯化而来，是著名的广东特产蔬菜，原来分布于华南地区，近年来华北、西北和西南地区的种植面积也在扩大。

品种类型

菜心按照生长期长短分为早熟、中熟和晚熟三类，早熟品种一般比较耐热，只采收主薹，菜薹细小，如四九菜心；中熟品种对温度范围适应性广，以采收主薹为主，有时也收侧薹，菜薹品质较好，如柳叶中心、青梗中心和六十日菜心等；晚熟菜心不耐热，植株较大，主侧花薹兼采，菜薹粗大品质优，如圆叶迟心和柳叶迟心等。此外广东各地有一些地方品种如增城菜心（又叫珠菜心）、韶关菜心（又称油菜心）和博罗福田菜心（也属珠菜心）等也很有特色。

农残风险

菜心生产上主要病虫害有霜霉病、菌核病、软腐病、炭疽病、小菜蛾、跳甲、菜心野螟、菜青虫和蚜虫等，近年来由于小菜蛾和跳甲的防治比较棘手，有时尤其是天热干旱季节栽培的菜心偶尔发生过菜心的农药残留超标，但一般说来天气冷凉的当季菜心农残风险还是低的。

烹调食用

菜心是广东特产蔬菜，以柔嫩清甜的花薹供炒食，广东人炒菜心，一般多用猪油，如猪油渣炒菜心，有时会加蒜蓉调味，或者爆香蒜米炒菜，但是除了盐巴什么调味品也不加的清炒更多，似乎清炒菜才显得出菜心纯粹的清甜和柔嫩，近年来健康饮食讲究清淡少吃油，流行盐水白灼菜心，淋上上等的蚝油或生抽，也很出色。菜心与肉搭配混炒，这在国外广东菜餐厅很流行，一般多与牛肉片混炒。一砂锅老火汤、一条蒸鱼、一碟清炒菜心（通常还是整条不切开的菜心）和一碗米饭，是传统广东人一辈子吃不厌的食物。

文化杂谈

骄　傲

广东的菜心传统上可以周年供应，加上菜心出色的品质和口感，因此一直以来都被广东人认为是菜中之王，厨房缺少一把菜心，主妇心里就空落落。随着广东人外出谋生，首先是在东南亚一带将菜心发扬光大，后来在欧美日等地的广东餐厅也流行开来，粤语Choi-sam几乎成为了世界语。

20世纪80年代改革开放以来，首先是大量的北方人来到广东，接受了菜心，其次是广东菜开始在国内的大面积流行，也向国内各地推荐菜心，以至于原本基本不吃菜心的北京、上海等大城市居民也开始认识、喜欢菜心。

20世纪80年代以前菜心的生产主要集中在广东，尤其是珠三角一带，华南其他地方的栽培比较零星。随着国内市场对菜心需求的增加和传统上广东省内种植菜心的蔬菜基地的减少，因此菜心的生产自2000年后开始了北伐，先是在两湖、云南，然后河北、山东，现在宁夏回族自治区、山西、陕西甚至内蒙古自治区，先后都发展了大规模的广东菜场，生产菜心和芥蓝等广东特色蔬菜，主要供给夏季热天时的广东市场和出口东南亚、欧美市场，在这个菜心生产的大迁徙中生产所在地居民也逐渐喜爱上柔嫩清甜的菜心，于是生产面积逐年加大，粗略估计，广东菜农在国内的菜心生产播种面积，有几百万亩，这在世界蔬菜发展史上也是一个奇迹。

这个全国上下一条心的因由，不仅仅是菜心本身的品质和口感。原本内地人不太以为然的广东文化，包括饮食文化，通过改革开放，加上经济的撬动，这才流行开来。菜心，广东人的骄傲啊。

95. 紫菜薹

紫菜薹是十字花科芸薹属芸薹种白菜亚种的一个变种，能形成柔嫩花薹的一二年生草本植物，又叫红薹菜，英文称Purple cai-tai。紫菜薹原产我国，和菜心一样是由芸薹演化而来，我国主要分布于长江流域，尤其以武汉洪山的紫菜薹最为出名。

品种类型

紫菜薹根据对气候的适应性分为早熟、中熟和晚熟类型，早熟种耐热不耐寒，品质一般，中熟种耐热耐寒性中等，品质稍好，晚熟种耐寒不耐热，菜薹粗，品质好。早中晚熟品种的紫菜薹都有尖叶和圆叶两类，一般说来，尖叶类型的紫菜薹更加柔嫩一些。

农残风险

紫菜薹生产上主要病虫害与菜心大致相同，但是蚜虫的危害大些，由于紫菜薹大都以冬季生产供应为主（虽然现在几乎四季都有生产），因此病虫害程度低些，一般说来农残风险也低。

烹调食用

紫菜薹柔嫩鲜美，菜味足，一般供炒食，重口味的用蒜蓉、姜末、干辣椒甚至是花椒伴炒，其实清炒才显出其独特的菜味，两湖人家经常用腊肉伴炒，也很独特。此外紫菜薹的紫色源自花青素，花青素是一种抗氧化物质，对身体保健有好处，炒菜时花青素会氧化使得紫红色变成紫黑色，因此不提倡炒得过火，炒熟即可，以保存更多花青素。

有次到武汉开会，吃饭的时候点菜，跟当地老友说武汉的紫菜薹和武昌鱼出名，厨师听了后竟然给我们做了一道武昌鱼煮洪山紫菜薹！做法大致如下：热油煎武昌鱼至两面金黄，加入高汤和紫菜薹，鱼熟菜软后连汤带鱼带菜上菜，吃鱼鲜美，吃菜鲜嫩，喝汤鲜香，做法和潮州黄酸白小白菜煮鱼差不多，非常对我的口味，那天，人好、菜好、酒好，能不喝？

名　片

传说1700年前，武汉洪山脚下有一对恋人，小伙子田勇和姑娘玉叶一起游玩，被恶霸杨熊看到，杨熊垂涎玉叶姑娘美色，强抢玉叶姑娘，田勇奋起反抗，姑娘和小伙子一起被杨熊的人活活打死，鲜血流在洪山脚下。后遇饥荒年，民众在此种下了菜薹，原本绿色的菜薹竟然变成紫红色！这菜薹不仅帮助乡亲渡荒，而且鲜美可口。这种薹菜就是后世闻名的洪山紫菜薹。

也是传说。三国时期，孙权的母亲吴国太对湖北洪山紫菜薹厚爱有加，有一年冬天，老太太病了，病重的老太太对孙权说想吃紫菜薹，于是孙权派人前去洪山，但是鹅毛大雪，寒冷的天气下菜薹抽不出来，于是孙权连泥土带薹菜一起运到暖和的地方，薹菜抽薹了，神奇的是吴国太吃了紫菜薹后病也好了。由于这个传说，现在武汉洪山一带还有人称呼紫菜薹为孝子菜呢。

历代有关洪山紫菜薹的文字很多，比较出名的还有清朝文人王景彝的诗：“甘说周原荠，辛传蜀国椒。不图江介产，又有菜薹标。紫干经霜脆，黄花带雪娇。晚菘珍黑白，同是楚中翘。”

确实是楚中翘，紫菜薹就是武汉洪山的名片，湖北人的骄傲。

原产地保护与推广

清朝晚年，据说慈禧太后特别喜爱武汉洪山紫菜薹，她身边的大臣们也有同好，李鸿章和大哥李瀚章也一样，李瀚章在湖北做官离任时，还运走了大量的洪山土壤，回家做栽培紫菜薹之用，以至于当时湖北人还笑称“制军刮湖北地皮去也”，只是不知李瀚章在外地种植的紫菜薹品质如何。

近年来紫菜薹在国内也有很多地方试图栽培生产的，南至海南，北至东北，东至江浙，西到疆藏，但是产品品质与地道的洪山紫菜薹产品相去甚远，因此外地生产推广缓慢。

广东澄海的红脚芥蓝，也是紫红色花薹，也开黄花，柔嫩鲜甜，是汕头特产蔬菜，十分出名，大地鱼炒红脚芥蓝，在潮州菜中江湖地位很高。我曾经拿来种子在外地几个农场种植，产品品质与澄海产的牛头不对马嘴，也差远了。

这种地方特色农产品，产品品质独特的原因，可能品质资源、水土、气候、地理、栽培生产技术等等，都有关系，比较复杂。比如著名的香槟酒，这种汽酒离开法国香槟地区的产品，风味就不一样。于是后来人们提出了原产地保护概念，以求保护这些地方特色独特的优质产品，避免有人挂羊头卖狗肉。

但是作为紫菜薹的亲兄弟菜心，离开广东栽培生产的产品品质，与广东本土栽培的却差距不大。这才有了菜心栽培在全国推广的基础，南到海南岛，北到内蒙古，全国一条心。看来，广东的菜心也具有开放的心态，哈哈。

96. 叶芥菜

叶芥菜是十字花科芸薹属芥菜种种以叶或叶球为产品的一大类蔬菜，一二年生草本植物，别名青菜、辣菜和春菜等，英文称Leaf mustard。叶芥菜原产我国，各地均有栽培，大都以秋播为主，在广东，四季均有生产供应，是我国主要的叶用蔬菜。

品种类型

叶芥菜是大家族，品种类型多种多样，主要有大叶芥（叶片和植株较大，产品柔嫩供炒食为多，如广东的皱叶芥）、花叶芥（叶片边缘有显著缺裂，大都做加工用如华东地区的花芥）、瘤芥（叶柄发达如瘤状物，大都做泡菜用，如江苏的弥陀

芥）、长柄芥（叶柄长多做炒食用，如潮州的掰合春菜）、卷心芥（心叶外露呈卷心状，供鲜食或加工）、包心芥（叶柄和中脉增大包合成叶球，如潮州大芥菜）、分蘖芥（植株分蘖多，鲜食或加工用，如雪里蕻）等等。各地都有知名的地方特色叶用芥菜品种，广东省知名的有潮州春菜和大芥菜、电白的水东芥等。

农残风险

各地生产的叶用芥菜主要病虫害大同小异，有病毒病、霜霉病、炭疽病、根肿病、线虫病、菜蛾、跳甲、夜蛾、菜青虫、蚜虫等，各地的优势病虫害又不尽相同。虽然高温干旱季节有时芥菜产品农残会零星超标，但一般说来，叶用芥菜的农残风险低。

烹调食用

芥菜含有硫代葡萄糖甙，这个化合物水解产生芥子油，具有芥菜类蔬菜特有的辛辣味，经过烹调和加工后味道鲜美，有香气。叶用芥菜加工的产品五花八门，如芥菜干（华南地区）、梅菜（广东惠州）、冬菜（四川南充）、咸菜（广东潮州）、雪里蕻梅干菜（华东地区）等等。鲜食可供炒食、做汤，各地都有芥菜的特色做法，广东流行的有芥菜豆腐鱼头汤、香菇炒芥菜、猪油渣炒水东芥菜、红葱头炒水东芥菜以及著名的潮州芥菜煲（全省流行的是春菜和排骨或肉丸砂煲上菜，往往还用普宁豆瓣酱调味；传统潮州的是大芥菜煲，配料丰富，有排骨、香菇、瑶柱、海米等，特点是一定要够火候使大芥菜入味，而大芥菜只取心部，绿色叶片弃之不用）。介绍一种新潮的芥菜做法，结合了潮州菜和顺德师傅的智慧，用骨头和鱼头煲大米粥，过滤去渣，只要米汤不要米粒和鱼肉渣，用粥水煮熟芥菜（将芥菜横切半厘米宽丝状，芥菜品种可以随意，水东芥、春菜甚至是大芥菜均可），看上去像幼儿食品，吃上去风味口感独特，方法不难，自己回家试试吧。

素面朝天

一次在广州一家颇有名气的潮州菜馆吃饭，开胃菜上了一碟咸菜粒，咸菜的质地还算不错，只是加进了香油、糖和辣椒碎等众多调味品，味道怪怪的，与潮州味相去甚远；还有一次在北京吃饺子，要了一碗蛋花汤，端来一看，黑不溜秋的浆糊一碗，简直可以用来贴标语，汤里放了太多酱油和淀粉。犹如天生丽质的妙龄少女，素面朝天已经是秀色可餐，十分可人，化上浓妆，描出马骝屁股一个，画蛇添足，实属不智。咸菜粒的做法，潮州人的简单方法为妙，用凉开水将咸菜洗净，切成黄豆粒大小，混入三分之一咸菜量的米粒大小的子姜碎，不加任何调味品，潮州人称子姜咸菜，爽脆开胃；蛋花汤的做法也是简单为好，锅里烧开水，徐徐倒入已经打匀的鸡蛋，轻轻搅匀，水开熄火，倒入已经加有香油、盐和葱花的大碗，即成。

简简单单其实就是不简单，隐含了多少人生道理。在人类文明的发展中，往往最简单又能解决问题的方法，就是最佳方法，说话如是，做学问如是，做菜也如是。20世纪80年代中国的清水芦笋获得法国国际食品金奖，就是白灼芦笋，就是例证。

咸菜和红酒

从题目看，咸菜和红酒，风马牛不相及。

一次在法国旅行，正值金秋季节，参观葡萄园和酿酒厂。漫山遍野的葡萄万紫千红，在酒厂发酵池的一侧，有一条两米宽、十米长的大木槽，槽上堆满了葡萄，慢慢滑入酵池，几位身材高挑丰满的女郎，穿着长靴，站在葡萄上，双脚有韵律地踩着葡萄，目的是将葡萄踩破，有利于发酵酿酒，女郎们俊俏的脸庞上挂满了汗水和飞溅上来的紫红葡萄汁，那情景，酒未酿，人先醉。

由此想到潮州咸菜。腌制咸菜的时候，一人先将包心大芥菜去叶，大棵的话还需切半，铺一层在大缸里，按十分之一的盐巴用量，撒上一层盐巴，另一人用脚踩踏实，再铺一层大芥菜、撒盐，再踩踏。与踩葡萄不同，在传统的潮州，踏咸菜是男人的专利，女人是不给踩踏的，迷信讲究女人踩踏的咸菜不吉利，容易“臭风”（变质长虫）。

以前咸菜在潮州农村里的地位重要，相亲时女方到男方家看家境，谷仓、番薯堆和咸菜缸是重点考察对象。有趣的是在欧州，家里地窖中品牌好年份好的红酒贮

藏量，也一样是主人经济和社会地位的象征。咸菜和红酒，都是佐餐用，不同的是咸菜的功能只是满足吃饱不饿，而红酒还有一层精神满足的意思，颇有物质文明和精神文明两手都要抓，两手都要硬的味道。

咸菜和红酒，真的风马牛吗？

97. 根芥菜

根芥菜是十字花科芸薹属芥菜种中以肉质根为产品的一个变种，一二年生草本植物，别名大头菜、疙瘩菜，英文统称Root mustard。根芥菜原产中国，由芥菜演化而来，根芥菜传统上以云南、湖北、浙江和广东为比较出名，现在华北和东北都有栽培。

品种类型

根据根芥菜的叶片分为板叶型和花叶型，根据肉质根形状分为圆锥类型、圆柱类型、荷包形类型和扁圆根类型等。

农残风险

根芥菜生产上主要病虫害与叶芥菜相似，以蚜虫和病毒病的防治为更主要一些。根芥菜的农残风险低。

烹调食用

根芥菜主要供加工用，加工有两种方法，一是盐渍，二是酱渍。北方话咸菜，多指的是盐渍根芥菜，北方人传统早餐馒头、玉米糊，一碟咸菜丝是少不得的。根芥菜酱渍的名贵品种玫瑰大头菜，以云南根芥菜制作，过程复杂讲究，虽然外表黑色不起眼，但内心深红色，咸里有甜，清脆香浓，可惜现在市面上已经很少遇到了。根芥菜也可供炒食，宜荤宜素，也清甜爽口。介绍一味根芥菜凉拌菜：大头菜去皮切丝，用开水焯熟即入冰水冷激，捞出控干水分，用少许盐巴和芥末拌匀即成

（不要加入其他调味品），看上去鹅黄嫩绿，吃上去爽脆刺激，一般用来做开胃菜，但是，如果下白酒，也是不错的。

有几大的头戴几大的帽

湖北的根芥菜比较有名，尤其以襄樊出产的大头菜，襄樊人还骄傲地说是诸葛亮教会了襄樊人腌制大头菜，因此现在襄樊人还叫大头菜为孔明菜或诸葛菜。

芥菜类蔬菜来自中亚的黑芥与芸薹的杂交种，逐渐演化出叶、根、茎和子芥菜。我国栽培生产芥菜的历史悠久，《礼记》说"鱼脍芥酱"（日本人吃鱼刺身配芥辣来源于此），在汉代的文献中，芥大都指的芥酱，1500年前的《齐民要术》对芥的记录也是如此，一直到了唐代，芥菜才演化出很多蔬用种类，到了宋代以后，芥菜类蔬菜的品种类型才比较齐全，明朝时《本草纲目》对芥菜的记录也大致如此。现在专业工作者大都认为大头菜大概在明朝时代才演化成熟，出现大面积栽培生产。

看来襄樊人叫大头菜为诸葛菜是给大头菜戴了高帽，孔明时代大头菜还远远没有问世。大头菜的头是大，但是比起诸葛亮的名气来还是小，广东有句俗语叫"有几大的头戴几大的帽"，说的是讲话和做事要实事求是。

但是广东人戴高帽的本事也不小。传统的惠阳地区和汕头地区一带，农妇下地时戴的竹笠，有用大约20厘米长的黑布挂在竹笠周边的，主要目的是防止阳光晒黑皮肤，现在这一带的乡下农妇还保留这种风俗。由于韩愈和苏东坡先后来过广东潮州和惠州做官，因此，这种竹笠有叫苏公笠的，也有叫韩公帕的（见于《两般秋雨庵随笔》），其实这种竹笠的来源也应该与苏、韩两公关系不大，而这种称呼才是名副其实的戴高帽啊。

啊啊，五十步笑百步。

98. 茎芥菜

茎芥菜是十字花科芸薹属芥菜种中以肉质茎为产品的一个变种，一二年生草本植物，别名青菜头、菜头、包包菜、羊角菜、菱角菜等，英文统称 Stem mustard。茎芥菜起源我国，以四川为演化中心和主产区，现在国内各地也有一些引种生产。

品种类型

四川的茎芥菜大都按照膨大的茎形状来分类命名，如草腰子、三转子、鹅公包、露酒壶等等，也有按叶片的碎裂程度来分类的，如浙江的半碎叶和碎叶种。鲜食品种也有一些非球状而是棒状的肉质茎，如棒菜和笥子菜等。

农残风险

茎芥菜生产上主要病虫害与叶芥菜的大致相同，但是以软腐病、霜霉病和病毒病以及蚜虫等为重要一些，一般说来，茎芥菜的农残风险低。

烹调食用

茎芥菜的腌制菜榨菜是世界著名的酱菜，与欧洲的酸菜和日本的酱菜并称为世界三大腌制菜，四川的榨菜以涪陵的为最出名，肉质脆嫩，风味宜人。四川榨菜的腌制过程复杂，工序和调味品众多，光是香料就有辣椒、花椒、大茴香、山柰、白芷、砂仁、肉桂、甘草、姜、胡椒等十余种。榨菜单独供食亦可，炒食或做汤亦可，宜荤宜素，宜鱼宜肉，肉则猪牛羊均可。茎芥菜鲜食的话大都炒食，也可煮食，口感也爽脆清香。

值得指出的是芥菜类蔬菜的电解质含量丰富多样，尤其是腌制过的榨菜电解质含量更是丰富多彩。因此有经验的老医生建议用榨菜片泡水，给电解质失衡的病人喝，效果往往还比单独输液生理盐水还要好。

圳与涪

在四十年前，中国人中认识“圳”字的不多，很多人读圳为“川”音，改革开放中崛起的深圳，由海边小渔村变成国际闻名的大都市，现在大家都知道国语深圳的圳字读“阵”音。

大约也是四十年前，中国由于物质供应不充裕，榨菜成了为数不多的好食品，涪陵榨菜更是大众所盼，因此那时候大多数中国人对涪陵的涪字都懂，念“浮”音。但是现在由于人们可选择的食品众多，虽然榨菜大家也认识，但是涪陵榨菜的涪字，却有非常多的国人读“陪”音。

这多少有些让人说不清的世俗上些许势利的味道，而对于涪陵来说却是有失公允的。因此，有必要为涪字做推广，明天就上超市买一包涪陵榨菜吧。

99. 子芥菜

子芥菜是十字花科芸薹属芥菜种中以种子为产品的一个变种，一年生草本植物，英文称Seedy mustard。子芥菜原产中亚一带，我国也是第二起源中心，我国现在以西部为主要产区。

品种类型

我国栽培的子芥菜一般分为大叶种和小叶种，前者一般分布在西南地区，种子辣味弱，后者分布在西北地区，种子辣味强。

农残风险

子芥菜的主要病虫害较别的芥菜少，主要以叶部的小菜蛾和蚜虫为主，子芥菜

的农残风险低。

传统的子芥菜以榨油和做芥末并重，现在以做芥末为主。子芥菜的种子富含硫代葡萄糖苷，其水解产品烯丙基异硫氰酸盐和羟苄基异硫氰酸盐，具有辛辣味。用子芥菜籽磨制的芥末，才是传统地道的芥末。北京菜的芥末墩儿、芥末菠菜等，用子芥菜籽芥末才是地道北京味。此外，幼嫩的子芥菜植株也可做蔬菜用，口感味道和雪里蕻相去不远。

鱼鲙芥酱

《礼记》中“鱼鲙芥酱”，就是说吃鱼生，要用芥酱配食。我个人的偏好是吃淡水鱼的鱼生，才用子芥菜籽的芥酱配食，才叫绝配，这个感觉是基于一次在广东三水北江吃顺德鱼生的经历。

一次有朋友说找了几条好草鱼，放在北江的网箱里，约我们几个去吃鱼生。刚好我办公室有点存放多年的小叶种子芥菜种子，于是我带了用清水泡的芥菜籽就上路了。

草鱼总共五条，每条六七斤，在网箱里冬日北江清澈的水里游动。

朋友找来顺德师傅帮忙。师傅先在草鱼的背部靠近鱼尾处横割一刀，大约3厘米深，再将草鱼放回网箱，草鱼在网箱水中摆动尾部，血流尽后才取出草鱼宰杀切片，只要草鱼靠近背部的鱼肉，这样的鱼片雪白透亮，而且切得很薄，一片一片整齐地摆放在直径60厘米的竹筛上，一共有十几筛。

餐桌上摆放了十几个大碗，分别装有花生油、盐、酱油、醋、柠檬汁、柠檬叶丝（真服了顺德师傅的刀工，柠檬叶丝只有头发粗细）、姜丝、葱丝、香菜头（靠根部一侧3厘米长叶柄连头）、油炸花生米碎、炒芝麻，等等十几种调料。

传统顺德人吃鱼生，不是一片一片地夹，而是先装上大半碗鱼片，再根据个人口味，加入上述调料，拌匀，端起碗来像吃河粉一样往口里扒。

我等大家都扒了一碗后，请大家暂停一下，我到厨房用捣碎机将老芥菜籽（加少许盐和开水）捣烂取出一大碗芥酱，又叫服务员每人都换新碗筷，让大家用新磨老芥菜籽的芥酱单独配食鱼生，朋友们没有不说妙的，那次七个人十几筛鱼片通通扫光。

清朝李渔在《闲情偶寄》中说："制辣芥之芥子，陈者绝佳，所谓愈老愈辣是也。以此拌物，无物不佳。"信然。

100. 山葵

山葵是十字花科山葵属山葵种中以收获地下根状茎为主要产品的栽培品种，宿根性草本植物，由于叶片酷似锦葵科植物，因此叫山葵。学名非常日本化：Wasabia japonica，英文称Wasabi。山葵原产日本，我国也有野生种分布。100多年前，日本人开始用山葵酱当做芥酱用，于是开始对山葵生产利用。目前日本和我国台湾、西南的贵州、云南和四川等地均有生产。

品种类型

生产上山葵的品种都来源于日本，如"达摩""筑地"等，近年来我国在西南发现了如贵州的"华黔系列"和四川的"华蜀系列"野生种，由于山葵的组织培养不难，因此可以预见不远的将来将有我国的山葵品种问世。

农残风险

山葵生产一般多在高凉地区，病虫害不多，因此农残风险低。

烹调食用

山葵的根状茎用于磨做山葵末，而且，上档次的餐厅都是用山葵茎现磨的，虽然辣味略显不足，但是香味更浓。用山葵末配食海鲜，近年来很是流行，我个人的感觉是山葵末用来配食象拔蚌、虾和贝壳类海产刺身似乎比起用来配食鱼生

更加合适，海鱼鱼生如海鲈、金枪和三文鱼等，效果也不错，但是淡水鱼鱼生还是用我国传统的芥酱，才是正道。此外，日本人将山葵的叶片用来做天妇罗，将叶柄做酱菜，日本的酱菜本来就世界闻名，山葵叶柄的酱菜更是口感和风味都非常独特。

称　呼

一百多年以前的日本人，对中国文化十分崇拜，《礼记》说"鱼鲙芥酱"，被日本人就当做"圣旨"，于是吃鱼生就非得配食芥末不可。芥末辛辣的风味由硫代葡萄糖苷水解生产，而山葵也富含硫代葡萄糖苷。日本人发现山葵也有芥酱的风味后，就开始生产山葵并用山葵末取代传统的芥酱，于是Wasabi一词就开始流行起来，一些西方人错称Wasabi为日本辣根或者日本芥酱，一些国人也学日本人称呼Wasabi为"瓦萨比"，或者错称为芥末、芥酱。我觉得这些称呼都有问题，虽然都来自十字花科，但芥酱来自芸薹属，山葵末来自山葵属，讲中文的人还是应该叫山葵末或山葵酱，似乎合理些。

试　菜

朋友新开了一个日式料理店，请我们几个去试菜。

餐馆毗邻香蜜湖，厅房里透过玻璃幕墙可以俯视香蜜湖美景，厅房的墙壁上新作了一幅壁画，画中将王羲之《兰亭集序》的字打散成笔画，如横、竖、勾、提、点、撇等等，构成图案，很好地呼应了店号"兰亭京都"，颇有一些日式氛围。

开胃果是北海道网纹甜瓜，餐前小菜是枝豆和日本酱椰菜和牛蒡，刺身是牡丹虾、蓝鳍金枪鱼鱼腩和海胆，赤陆寿司，热汤是木鱼汤，铁板是鲍鱼、龙虾、原只北极贝和牛肉，清酒是十四代，餐后上磨茶。食材大都来自日本，品质上乘，丰富多彩，厨师团队来自香港，经验丰富。

和其他高档日式餐馆一样，餐馆的山葵末也是现场磨制，香港师傅用一块手掌大小的木制磨板，将山葵根茎磨成泥状，现场请客人品尝，客人用筷子夹起黄豆大小的山葵末放入口中，口感新鲜、清香、中辣、绵长，快感不可名状。

我跟老板建议，开胃酱菜中可以增加山葵叶柄，口感独特风味优美，还可用山葵嫩叶做天妇罗，也为山葵末试吃提供话题，让客人对山葵有更加全面的认识。此外餐具还可以更加日式些。

有了一流的食材、厨师和环境等硬件条件，还要管理、策划和服务等软件细节的配合，才能成为一流的餐馆。这些一流的条件就像王羲之的字打散了的笔画，我跟老板说："拼回《兰亭集序》，可真难为你了。"

101．辣根

辣根是十字花科辣根属辣根种中以收获肉质根为产品的栽培品种，一年生草本植物，别名马萝卜，因此英文称Horse-radish。辣根原产于土耳其一带，欧美和我国东北一带现在都有栽培生产。

品种类型

虽然我国开始生产辣根也有一百年历史了，但是生产上使用的都是外国品种，如日本辣根、英国辣根等，尚没有我国培育的品种。

农残风险

辣根生产上病虫害不多，农残风险低。

烹调食用

虽然辣根的茎叶有时候也被当做蔬菜食用，但是辣根主要收获的是肥大的肉质根，而且往往还是晒干当做干货。辣根和芥菜籽、山葵茎一样，富含硫代

葡萄糖苷，具辛辣风味，主要用于制作辣根酱。辣根酱黄绿色，是西餐中常见的辣味来源之一，配食烤肉，广东菜烧猪肉通常也配辣根酱。现在我国普通餐馆中提供的芥辣，其实很多既没有芥菜籽末，也没有山葵末，而是用更便宜的辣根调制而成。此外，我国北方一些地区，也有用干辣根块来炖牛羊肉的，风味也不错。

美在辛辣之外

正是因为都富含硫代葡萄糖苷，芥酱、山葵末和辣根酱三者对于一般的国内消费者来说，进了磨坊都是粉，对其区分不甚了了。子芥菜籽末，尤其是陈年子芥菜籽末，与鱼生，尤其是淡水鱼生，是绝配，我国两千年来都承认这点；山葵末，尤其是新鲜磨制的，与海产刺身，也是绝配，现在世界各地的日本餐馆也证明了这点；辣根酱，往往还是干货加工的辣根酱，其实与肉类搭配更合适，与烤羊肉搭配，才是绝配。而导致辛辣风味的硫代葡萄糖苷的含量，虽然都来自十字花科，但个人感觉一般说来是来自辣根属的辣根高、来自芸薹属的子芥菜籽中间，来自山葵属的山葵低些。按照身份的正宗，是子芥菜籽芥末，而山葵末是后起之秀，虽然现在日本上档次的餐厅，大都只用山葵末，至于辣根酱，那只是替品了。看来，硫代葡萄糖苷的含量并不是这类调味品品质唯一的标准，带给食用者美的感受来自与主要食材的选配，在硫代葡萄糖苷之外。

102. 茼蒿

茼蒿是菊科菊属中以嫩茎叶为食的栽培种，一二年生草本植物，别名蓬蒿、春菊、蒿子秆、塘蒿、菊花菜、蒿子。茼蒿原产于中东，在我国也有近一千年的栽培历史，目前是我国冬春季的重要叶菜，各地均有生产。

品种类型

茼蒿按照叶片大小可分为大叶茼蒿和小叶茼蒿。前者又称板叶茼蒿或圆叶茼蒿，叶片宽大、厚，嫩枝短、粗，纤维少，品质好，产量高，主要分布在我国南方地区，尤其是华南地区；后者又称花叶茼蒿、蒿子秆，叶片小、薄，品质较差，但耐寒早熟，主要在华北以北地区栽培生产。

农残风险

茼蒿生产上主要病虫害有立枯病、菌核病、叶斑病和蚜虫等，一般说来茼蒿的农残风险低。

烹调食用

茼蒿中医讲究味甘性平，有安心气、养脾胃、消痰饮、利肠胃的功效。茼蒿一般供炒食，也可做凉拌或做汤，炒茼蒿时多用蒜蓉调味，潮州人冬季用茼蒿煮鱼，半汤半菜，也很合适。值得指出的是，近年来有便秘毛病的人很多，其中一些人还常常伴有寒胃的毛病，想通过多吃蔬菜来改善便秘状况的话又担心许多蔬菜本身性寒凉，而很多暖胃的食品又加剧便秘，茼蒿就是这类人的最佳选择，因为茼蒿性平，又暖胃又滑肠。

帝皇级别

传说诗人杜甫五十六岁时贫穷潦倒流落到湖北公安一带，身体毛病多多，但是吃了茼蒿菜粥以后，竟然康复过来，后来公安一带人们为了纪念杜甫，就管茼蒿叫做杜甫菜，这个称呼似乎有平民菜蔬的含义。

近年来原来只在北方流行的细叶茼蒿（北方叫蒿子秆），也有一些日本品种在国内各地很是流行，人们称呼其为皇帝菜，一些搜索网站竟然说茼蒿以前是宫廷贡菜，所以叫皇帝菜，这是没有根据的胡说八道。但是看来茼蒿在中国，由平民级别变成帝皇级别了。

其实，英文系统中以前称呼茼蒿为Garland chrysanthemum，意思是花冠菊花，现在说英文的人似乎更多地叫茼蒿为Crown daisy，意思是皇冠雏菊，虽然本义都是冠菊的意思，但是后者却是帝皇级别的了。

所以我想，管茼蒿叫皇帝菜，原因应该还是英文称呼中的皇冠所致的吧。

103．西洋菜

西洋菜是十字花科豆瓣菜属中以采收嫩茎叶为产品的栽培种，一二年生草本植物，别名豆瓣菜、水蔊菜和水田芥等，英文称Water cress。西洋菜原产地中海地区，欧洲人栽培生产已经有近两千年历史，传入我国只有两百年多年，目前是我国华南地区冬季重要叶菜品种。

品种类型

我国栽培的西洋菜按地方分广州种、广西百色种；按开花结子情况分不开花不结子类和可以开花结子类，但是生产上大多采用茎段进行营养繁殖；按叶片大小分大叶西洋菜和小叶西洋菜。

农残风险

西洋菜生产上病虫害以害虫如夜蛾、菜粉蝶、小菜蛾和蚜虫等为主，尤其是生产期间碰到高温天气时，小菜蛾等的防治还是比较棘手，此外热天时西洋菜还容易发生腐烂病，但总体讲西洋菜的农残风险低。另一方面，由于近年来水土受重金属污染比较普遍，因此西洋菜中重金属如镉等超标的情况时有发生，必须引起重视。

烹调食用

西洋菜口感脆嫩，营养丰富，我国民间讲究西洋菜有润肺、利尿和通经的食疗作用，新近的研究表明西洋菜的抗氧化物质含量丰富，于是更受消费者欢迎。西洋菜可做沙拉凉拌，可炒食，值得指出的是，炒食西洋菜时要猛火快炒，西洋菜才能脆嫩。广东人更喜欢用西洋菜来煲老火汤，比如和骨头、五花肉、生鱼、鸡鸭砂囊、干墨鱼、南北杏、蜜枣等搭配煲汤。新近流行一味原汁原味西洋菜，地道的餐馆还用山泉水来煮西洋菜，口感清香，风味独特。冬季广东人用西洋菜打边炉吃火锅的也很普遍。此外潮州人吃早餐喜欢用西洋菜清滚瘦肉或者猪杂汤，也很有特色。

蔬菜汁

20世纪80年代，我做研究生的时候，有一次用培养基培养一种子囊菌，可是不论我怎么调节培养温度和培养基营养成分，这种真菌就是只长菌丝，不长子囊，而没有看到子囊就不能对其进行分类，正当我束手无策的时候，一位老师让我在培养基中加入几滴他从美国带回的V8汁（美国生产的一种蔬菜汁饮料），神奇的是不出几天，这个菌竟然就乖乖地长出了子囊。

这种蔬菜汁口感对于习惯中餐的我们来说实在是不敢恭维，但是由于其突出的营养价值，因此被美国人广泛认可，几十年来一直热销美国，和可口可乐一样几乎成了美国家庭冰箱必备的饮料。

V8蔬菜汁由八种蔬菜制成，包括番茄、胡萝卜、甜菜头、西芹、生菜、菠菜、西芫荽和Water cress，就是西洋菜。

104. 冬寒菜

冬寒菜是锦葵科锦葵属中以嫩叶和嫩梢供蔬用的栽培种，二年生草本植物，别名冬葵、葵菜和滑肠菜等，英文称Curled mallow就是皱叶锦葵的意思。冬寒菜原产我国，欧美也有分布。2500多年前我国《诗经》就有记载，元代《农书》称之为“百菜之王”，目前我国的西南、华中和华南等地有栽培生产。

品种类型

冬寒菜现在一般都以地方品种为主，比如湖南的冬寒菜有长沙圆叶冬寒菜、红叶冬寒菜，重庆小棋盘和大棋盘等。

农残风险

生产上冬寒菜主要病虫害有蚜虫、地老虎和夜蛾等，冬寒菜农残风险低。

烹调食用

冬寒菜性寒味甘，一般供炒食或做汤，口感滑润。炒食的话多与蒜蓉、辣椒等辛热调味品搭配。成都民间有用冬寒菜制作的菜粥，是源于古代的葵羹，也很有特色，古代讲的葵菹，就是冬寒菜的腌制菜，非常出名，也许是我孤陋寡闻，我还没有见过冬寒菜的腌制品。值得指出的是肠胃虚寒容易脱肛者和孕妇慎吃。

文化杂谈

式 微

早在2500多年前的《诗经》就说："七月烹葵及菽"，我国自古就食用冬寒菜。白居易诗"中园何所有，满地青青葵"，王维诗"短褐不为薄，园葵固足美"，杜甫也有诗"味岂同金菊，香宜配绿葵"，据统计"葵"在《全唐诗》中出现过120多次。元代《农书》更是讲冬寒菜是百菜之王，明代的《本草纲目》说"古者葵为五菜之王"，五菜者，葵甘、韭酸、藿咸、薤苦、葱辛也，足见冬寒菜在古代是重要的菜蔬。

但是元明以后，随着十字花科芸薹属类蔬菜在我国的发展，尤其是大白菜和小白菜在我国南北大面积的栽培以后，冬寒菜日渐式微，到了现代，更多的蔬菜品种被引进到中国，冬寒菜更是只剩下在西南和两湖一带有零星栽培生产，品种选育上也没有多少进步。

我想，冬寒菜在我国从古代的无比辉煌到现在的日渐式微，原因可能不外乎是古代的蔬菜选择上的山中无老虎吧。

105. 叶菾菜

叶菾菜是蓼科甜菜属中以嫩叶作菜用的栽培种，二年生草本植物，别名莙荙菜、叶甜菜，英文称Swiss chard。叶菾菜原产于地中海地区，2500年以前希腊一带就有人工栽培了，1500年前从阿拉伯引入我国，我国现在各地都有栽培，长江以南地区可以越冬，传统上农村亦菜亦饲料生产应用。

品种类型

叶菾菜按照叶柄颜色分红梗、青梗和白梗种，传统上栽培叶菾菜是从下向上一叶一叶地长期采收，近年来我国从尼泊尔引进了一个白梗种，叶柄比较柔嫩，适合蔬用，密植，五六叶期整株采收。

农残风险

生产上叶菾菜主要病虫害有立枯病、褐斑病、白粉病、蚜虫、夜蛾和地老虎等，一般说来使用农药不多，农残风险低。

烹调食用

叶菾菜一般用来煮食或炒食，也有做凉拌菜的，大都以蒜头调味，广州和深圳一带潮州餐馆，用猪油渣、蒜头、普宁豆瓣酱炒叶菾菜，颇受欢迎。介绍一种潮州小吃“厚合粿”，厚合是潮州话叶子叶柄都肥厚的意思，潮州人称呼叶菾菜为厚合，厚合粿就是用叶菾菜做的蔬菜烙饼，将叶菾菜切碎，与番薯粉拌匀，用猪油在锅上煎得微微发黄，即成，一般用辣椒酱或鱼露配食，很有特色，颇受各地潮州菜馆食客欢迎，一般和潮州白粥一样作为主食。

莙荙和君达

李时珍在《本草纲目》里说："菾菜，即莙荙菜也。菾与甜通，因其味也。莙荙之义未详"。

以前农村里栽培叶菾菜，大多是喂猪用，蔬菜供应不足时也有作蔬菜用的，因此广州一带称呼叶菾菜为猪乸菜。20世纪60—70年代文化大革命时，流行忆苦思甜活动，吃忆苦饭时莙荙菜就是不二选择，通常是水煮莙荙菜中还加入了米糠，看上去更像猪食。那时候我在农村生活，特别是70年代初，我家和普通农民家庭都十分缺粮食，挨饿是常常有的事，十岁出头的我也和大家一样肌瘦面黄如菜色，因为这样所以觉得那水煮莙荙菜真的不是很难吃，有一次我还吃了一大碗。于是，似乎李时珍未详的莙荙之义有了注解：莙荙菜就是君达菜，就是在位君子和达官贵人应该吃的菜，因为先贤说："在位君子能知其味，则闾阎之下，菜色其鲜矣。"

106. 根菾菜

根菾菜是蓼科甜菜属甜菜种中能形成肥大肉质根供蔬用的变种，二年生草本植物，别名根甜菜、红菜头、紫菜头等，英文称Table beet就是区别于其他甜菜而指蔬用甜菜。根菾菜起源于地中海地区，已经有2500年历史了，是欧美澳等地民众喜爱的佳蔬，我国大约明代传入，现在东北和全国大城市郊区有栽培生产。

品种类型

根菾菜的肉质根形状有球形、扁圆形、卵圆形、纺锤形和圆锥形等多样，其中以扁圆形品质最好。

农残风险

生产上根菾菜的主要病虫害有黑斑病、蚜虫、地老虎等和缺硼症，一般说来根菾菜的农残风险低。

烹调食用

根菾菜的营养丰富，被欧洲人誉为生命之根，尤其是其丰富的叶酸，叶酸不仅对孕妇非常重要，对高血压等症有辅助疗效。前两年英国有学术文献表明根菾菜的硝酸根化合物有助心脏运作，提供运动耐力，因此根菾菜是欧美运动员的运动营养餐必备之菜。根菾菜可生吃、制作沙拉、熬汤和加工，制作根菾菜色拉时根菾菜可生可熟，根菾菜汤更是流行欧洲一带的名汤，此外，做面包、蛋糕等加入根菾菜，在欧美澳等地也很常见。值得指出的是，根菾菜性寒，脾胃虚寒者不要多吃，或者用胡椒搭配。

丢魂落魄

20世纪初，俄国十月革命后一大批白俄聚居上海，带来了俄国人引为骄傲的红菜汤，俄国传统的红菜汤是用牛肉、根菾菜、胡萝卜、洋葱、菠菜等熬制的浓汤，加有大量的黑胡椒，俄国人用来配面包，很是可口，上海人用来送米饭也不错，上海人还因为俄国英文Russian读音的缘故起名罗宋汤。聪明的上海人后来“改良”了罗宋汤的配方，不用根菾菜而是加入了也是红色的番茄，甚至是用罐头番茄酱代替，有时候不用牛肉而是鸡或猪骨头，这样一来抽走了红菜汤的灵魂之物根菾菜，汤也就缺乏传统俄国红菜汤的魄力了，在我看来，沪式罗宋汤的制作，用上海话说就是“倒倒浆糊”。红菜汤的灵魂所在根菾菜在俄罗斯文化中根深蒂固，以至于两年前卢布贬值时俄国有政治家呼吁俄国女人不用进口口红而用根菾菜代替。有趣的是，虽然沪式罗宋汤是丢魂落魄了，但这沪式罗宋汤似乎还越来越流行。

107. 番茄

番茄是茄科番茄属中以成熟多汁浆果为产品的草本植物，又叫西红柿、洋柿子和臭柿子，英文称Tomato。番茄起源于南美洲安第斯山地，由墨西哥人从野生樱桃番茄种驯化而来，400多年前传入欧洲，300多年前传入我国，现在是世界上栽培最广泛的主要蔬菜之一。

品种类型

普通番茄有五个变种：栽培番茄、樱桃番茄、大叶番茄、梨形番茄和直立番茄，栽培番茄的品种有三类：意大利系统番茄、英国系统番茄和美国系统番茄，我国已经从美国和欧洲系统番茄种选育出适合我国的一系列番茄品种，也五花八门，有小果型的樱桃番茄、梨形番茄（果色有红有黄）供水果用，也有适合生吃凉拌的水番茄，还有大量供炒食煮食的品种，此外还有加工番茄汁的专用品种等等。

农残风险

番茄生产上主要病虫害有病毒病、晚疫病、青枯病、脐腐病、叶霉病、早疫病、灰霉病、绵疫病、棉铃虫、蚜虫、潜蝇等，由于病虫害较多，农药使用也比较多，加上采收期又长，因此还是对番茄的农残有所担心，但是多年的检测显示番茄的农残风险低。

烹调食用

番茄风味特殊，营养丰富，尤其是果胶、胡萝卜素和番茄红素的含量对身体健康有好处，因此成了世界性蔬菜。番茄可生吃、凉拌、炒食、煮食、做汤和加工番茄酱。各地对番茄的烹调都各有特点，番茄炒蛋、番茄蛋汤、番茄牛肉、番茄煮鱼、番茄炒藠头、番茄炒白花菜等等都很流行。有趣的是家庭里教小孩学做菜，一般都从番茄鸡蛋汤开始，因为方法简单，但是最简单的做法往往还是最有追求的做法，讲究的方法是，先将番茄底部用小刀划一个十字，用开水泡一分钟，捞出，撕去番茄皮，用刀切薄片，热油锅，加进番茄片用勺子翻炒，直至番茄呈糊状后加入水烧开，徐徐加入鸡蛋，搅匀，勾少许芡，乘热倒入加有盐、葱花（或香菜碎）和香油的大碗，即成，这样的番茄蛋花汤才滑嫩无渣。

另外，番茄是少数不宜放冰箱保鲜的蔬菜之一，因为低温冻伤不仅影响了番茄的后熟，而且冻伤后番茄果肉炒菜时不容易松软，影响口感，一般放在室内阴凉处即可。

红颜不薄命

400多年前葡萄牙人从南美洲带回番茄时只做观赏用，番茄红艳的色彩使欧洲人与《圣经》中禁果联系了起来，被视为毒果，希腊人还称呼番茄为狼的果实，番茄属的拉丁文学名Lycopersicon就是此意，偶尔有年轻人将番茄当做玩物送给自己的意中人，于是番茄也就变成了象征爱情的“金苹果”。此后的近两百年中红颜的番茄也似乎就是高不可攀待字闺中的美女。

第一个吃番茄的欧洲人是一位意大利画家，他在画番茄的静物画时忍不住要尝试食之，于是穿好寿衣吃了番茄躺下等死，之后的1820年，美国新泽西也有人当众吃了番茄，也安然无事，再之后两百多年番茄成了世界性蔬菜，西方人对番茄还特别推崇，说“番茄的脸红了，医生的脸绿了”。

广东俗语“烂番茄”，与“箩底橙”既有相似之处，指众人挑剩之物，但说“烂番茄”者多少还有吃不上葡萄就说葡萄酸的心理，比如一个品德才貌出众条件又好的大龄独身女青年，就会有人不怀好意称姑娘为“烂番茄”，这种语境下姑娘就是两百年前人们不敢吃的番茄。

自古红颜多薄命，而番茄则是不薄命的红颜。

功能番茄?

近年来，随着技术的发展，有人发展了与一般营养学功能不同的蔬菜另类功

能，引起了消费者的注意。

锌和硒是人体不可缺少的微量元素，锌对孩子的发育十分重要，缺锌的孩子往往伴随有好动症，硒对抵抗细胞突变防治癌症有功效。于是有人利用胁迫施肥的方式，通过无土栽培等手段，生产高锌、硒含量的功能番茄，希冀食用番茄后加强身体的锌和硒供给，从而使番茄具备补锌和硒的功能。而人体对硒等的微量元素吸收，往往以有机状态为主，但是通过胁迫施肥的方式使蔬菜体内的硒含量增加却被发现往往不是处于有机状态，因此该项技术也广泛被质疑为忽悠。

超氧化歧化酶又称SOD，在人体内有抗衰老的功效，因此广泛被应用于保健食品和化妆品中，有科学家将强化SOD的基因转入番茄中，使番茄的SOD含量显著提高；乙肝和流感是重要的流行病，有科学家尝试将产生乙肝或流感病毒抗体的基因也道入番茄中，试图生产含病毒抗体的番茄，希冀通过食用番茄达到防病的目的。但是对于这类功能番茄的功能，达成起来却颇受诟病。这是由于酶也好，抗体也好，主要是蛋白质，而蛋白质在哺乳动物消化道里会先分解为氨基酸或氨基酸小聚合体片段，才能进入血液，进入血液后的氨基酸和片段，是按照人体生理代谢系统的路线合成新的蛋白质，不一定就是消化前的酶或抗体。比如猪仔出生2天后，蛋白质就不能通过消化道，猪仔口服抗体对于防病就作用不大了。

功能番茄，什么功能、如何达成，必须向消费者说清楚、讲明白，不能只是忽悠。

108．竹笋

竹笋是禾本科竹亚科多年生常绿木本植物的可食用嫩肥芽，英文称Bamboo shoot，竹笋别名笋，古称菌、竹萌、竹芽和竹胎等。竹笋原产中国，我国是世界竹子的主要产区，在秦岭以南地区都有分布，以长江流域以南地区为主要产区，竹笋的生产有野生采集，也有半人工栽培（在原生的竹林栽培竹笋），近年来一些特色竹笋还有在山地或耕地上纯人工栽培的。

品种类型

主要的笋用竹有四个属，包括刚竹属（如毛竹、淡竹、旱竹、哺鸡竹、水竹和刚竹）、慈竹属（如麻竹、绿竹、吊丝球竹、大头典竹和慈竹）、刺竹属（如刺竹和车角竹）以及苦竹属（如慧竹）。

农残风险

竹子影响竹笋生产的主要病虫害不多，只有如夜蛾和大象虫等少数，竹笋农残风险极低。

烹调食用

中医讲究竹笋味甘、微苦、性寒。归肺、胃和肠经，能清热化痰，除烦解渴和通利大便。现代科学认为竹笋富含天冬素，对心脏和血液保健很有好处。我国食用竹笋历史悠久，地域辽阔，竹笋不管鲜笋、腌制笋还是干笋均可凉拌、煮食、烧菜、煮汤和做馅料用，方法丰富多彩，正如李渔所说："笋之食法多端，不能悉记""论蔬食之最美者，曰清曰洁曰芳馥曰松脆而已矣""此蔬食中第一品也"，李渔还说："凡食物中无论荤素，皆当用作调和。菜中之笋与药中之甘草，同是必需之物，有此则诸味皆鲜"，李渔的这个说法与《诗经》说的"其蔌维和，维笋及蒲"（大意是至于蔬菜呢，就要数竹笋和蒲菜了）、《礼记》说的"甘受和，白受采"（大意是甘的东西容易与别的调和而白色的东西容易着色之意）以及《吕氏春秋》说的"和之美者，越络之菌"（大意是调和菜之最美者，就数越络的竹笋了）保持了高度一致。

按照李渔"素则白水，荤则肥猪"的意思，竹笋要么清水煮，要么和肥猪肉煮，但是我国古代烹调竹笋与猪、鱼、鸭等配合的也很多，广东就有名菜竹笋焖老鸭；"炒双冬"就是炒冬笋和冬菇片，是中国名菜；香干丝笋丝凉拌在长江流域广受欢迎；苦笋酸菜猪肉煲是客家人的至爱；其实只要新鲜，清水煮带壳竹笋，旋剥旋吃，非常美，这在西南地区非常流行；介绍一种潮州特色吃法：鲜嫩麻竹笋切碎成绿豆大小和鲜虾肉调味做馅料包米皮饺子，潮州人称"笋粿"，鲜嫩爽脆，值得推荐。值得指出的是，由于竹笋性寒因此脾胃虚寒者不宜多吃，"竹笋撬老毛"是一句潮州民谚，就是担忧吃了竹笋后老病症复发。

典故与成语

由于我国食用竹笋的历史悠久，因此，中文中形成了许多和笋有关并且有典故的词语。“笋孝”源自楚国先贤孟宗，其母喜爱吃笋，孟宗入竹林哀嚎，竹为之感动，于是在寒冬腊月萌芽长出笋来；“笋谏”源自黄庭坚“苦而有味，如忠谏之可活国”，是忠言逆耳之意；“樱笋厨”源自唐代，是对厨师的赞美，原因是唐代长安一带尤其春季的樱桃和竹笋是出名的美食；“玉版”是竹笋的别称，源自苏东坡去参拜玉版和尚时半路吃烧笋后对同行者所笑称；“蔬笋气”原本讲吃素而有气质的和尚，源自苏东坡《赠诗僧道通》“语含烟雾从古少，气带蔬笋到君无”，后来用来称文人书生的腐儒气质。笋雅，相关的典故不胜枚举。

成语胸有成竹来之苏东坡说的“画竹必先得成竹于胸中”，雨后春笋更是家喻户晓，多形容褒义的尤其是新生的事物不断涌现。《汉英词典》（商务印书馆，1985）翻译雨后春笋为（spring up like）bamboo shoots after a spring rain，其实英国人也有类似的说法，他们用的不是竹笋而是蘑菇，蘑菇Mushroom甚至有时可做动词用，指猛增发展、扩散流行的意思，但是大都用于贬义，上述词典里的例句里雨后春笋的翻译就是典型的中西合一：“Spring up like mushroom”。这就非常有趣了，“炒双冬”就是炒冬笋和冬菇，是中国知名美食，原来中西合璧啊。

诗　歌

因为竹笋风雅，所以我国歌咏竹笋的诗歌历来丰富，仅仅在《全唐诗》中，笋就出现两百多次。如“问人寻野笋，留客馔嘉蔬”“瓶开巾洒洒，地坻笋抽芽”和“野笋资公膳，山花慰客心”等等；和樱桃一起歌咏的有“新笋紫长短，早樱红浅深”“赖指清和樱笋熟，不然愁杀暮春天”“帝乡久别江乡住，椿笋如何樱笋时”和“恨抛水国荷蓑雨，贫过长安樱笋时”等等；和蕨菜一起歌咏的有“秋果楂梨涩，晨羞笋蕨鲜”“笋蕨犹堪采，荣归及养期”和“蜀山攒黛留晴雪，篆笋蕨芽萦九折”等等；和鱼一起歌咏的有“鱼笋朝餐饱，蕉纱暑服轻”“炮笋烹鱼饱餐后，拥袍枕臂醉眠时”以及“青青竹笋迎船出，日日江鱼入馔来”等等。

苏东坡说“宁可食无肉，不可居无竹。无肉使人瘦，无竹使人俗。”白居易说：“此处乃竹乡，春笋满山谷；山夫折盈把，抱来早市鬻；物多以为贱，双钱易一束。置之炊甑中，与饭同时熟。紫箨折故锦，素肌擘新玉。每日逐加餐，经时不思肉。”

宋代杨万里的《记张定叟煮笋经》值得全诗引录：“江西毛笋未出尖，雪中土膏养新甜。先生别得煮簧法，丁宁勿用醯与盐。岩下清泉须旋汲，熬出霜根生蜜汁。寒牙嚼出冰片声，余沥仍和月光吸。菘糕楮鸡浪得名，不如来参玉版僧。醉里何须酒解酲，此羹一碗爽然醒。”

“一样笋食百样人”

《南史》谓郭原平“宅上种竹，夜有盗其笋者，原平遇见之，盗者奔走坠沟。原平乃于所植竹处沟上立小桥令通，又采笋置篱外，邻里惭愧，无复取者”。厚道啊，郭原平。

《太平广记》记述说唐朝益州新昌县县令夏侯彪刚刚到任不久，就问里正（相当于镇长或街道办主任）：“竹笋一钱几茎？”曰：“五茎。”夏侯彪便拿出一万钱买了五万茎，对里正说：“吾未须笋，且林中养之，至秋成竹，一茎十钱，积成五十万。”夏侯彪，奸诈啊，贪腐啊。

夏侯彪和郭原平，多么鲜明的对比啊。潮州民谚说“一样米食百样人”，意思是说都是吃米，人与人的差距怎么就这样大呢。

看来，一样笋也食百样人。

煨笋

笋贵新鲜。李渔说：“（鲜笋）此种供奉，唯山僧野老躬治园圃者得以有之，城市之人向卖菜佣求活者，不得与焉。然他种蔬食，不论城市山林，凡宅旁有圃者，旋摘旋烹，亦能时有其乐。至于笋之一物，则断断在山林。城市所产者，任尔芳鲜，终是笋之剩义。”《广群芳谱》记载：“（笋）过一日曰蔫，过二日曰箥，宜取避露。每日出，掘深土取之。”历代食家对此讲究颇多，《清稗类钞》记载，乾

隆时期扬州富商黄应泰喜爱“春笋小蹄髈”，用不足一斤的猪手置陶罐中，清晨在黄山掘笋，将嫩笋在猪手周围围上一圈，盖严罐盖，置小火炉上炖，差人从黄山挑至扬州，十里一站，换人挑担，刚好赶得及晚饭上席，据说才能吃到真味。

林洪的《山家清供》记载：“初夏竹笋盛时，扫叶就竹旁煨熟。其味甚鲜，曰傍林鲜。”这种煨熟后才采摘的吃法，对新鲜的追求无疑是极致的，也富有诗意。类似的方法古称烧、炮，在唐代也很流行，如姚合诗“就林烧嫩笋，绕树拣香梅”、陆龟蒙诗“盘烧天竺春笋肥，琴倚洞庭秋石瘦”和白居易诗“烹葵炮嫩笋，可以备朝餐”等，苏东坡参拜玉版和尚时也是这种方法食笋。只不过有时是采摘下来以后才在火上直接煨熟。

奇怪的是煮豆燃豆萁让曹植留下了七步诗，上述这么多著名文人煨笋燃竹叶后留下的诗句却没有曹植的出名。

109. 香菇

香菇是白蘑科香菇属的典型木腐性伞菌，在自然界多在春秋两季发生，别名香菌、香蕈、花菇、冬菇等等。香菇的人工栽培始于我国，元代（1313年）的《农书》详细记载了香菇的栽培方法，300多年前传入日本，1928年日本人森本彦三郎成功将香菇的菌种分离纯化后日本的香菇产量曾经跃升为全球第一，1989年我国的香菇产量才重新超过日本，据全球第一。

品种类型

香菇的栽培品种多用代号称呼，如香菇867、武香2、Cr02等等，普通消费者一般多根据经验按照子实体的性状和颜色、产地等另行区分，一般说来，菌盖厚实、香味浓郁的香菇比较受欢迎。

农残风险

香菇栽培上病虫害主要是杂菌，虫害有蓟马、白蚁、甲虫、蛞蝓和螨类等。虽然使用药剂防治也是常见的，但是一般说来香菇的农残风险低。

烹调食用

香菇营养丰富，高蛋白低脂肪、富含多糖、氨基酸、维生素和核酸等，对中和酸性体质、预防癌症、提供免疫能力和延缓衰老等有一定作用，因此尤其是近年来广受欢迎。我国食用香菇的历史悠久，方法多样，香菇和鸡、猪肉、白菜类素菜等的搭配更是流行全国，香菇的萜类香味物质和鸟苷酸鲜味物质丰富，因此民间经常用来调味其他食材。近年来由于运输条件和保鲜条件的改善，我国传统上食用香菇以干品为主较少鲜食的情况也有所改变，大城市的鲜香菇也供应充足，但是新鲜香菇的香味远远不如干货。

香菇和猕猴桃

公元1209年南宋时期，浙江省龙泉市的《龙泉县志》记载：“香蕈，惟深山处阴处有之，其法：用干心木橄榄木、名蕈木孱，先就深山下砍到仆地，用斧斑驳木皮上，候淹湿，经二年始间出，至第三年，蕈乃偏出。每经立春后，地气发泄，雷雨震动，则交出木上，始采取以竹篾穿挂，焙干。至秋冬之交，再用偏木敲击，其蕈间出，名曰惊蕈。惟经雨则出多，所制亦如春法，但不若春蕈之厚耳，大率厚而少者，香味俱佳。又有一种适当清明向日处出小蕈，就木上自干，名曰日蕈，此蕈尤佳，但不可多得，今春蕈用日晒干，同谓之日蕈，香味亦佳。”这段县志在之后的明清两朝，对指导尤其是以广东、福建等地南中国的香菇栽培起了重要作用。三百多年前日本的第一本香菇栽培书籍《惊蕈录》也引用了这段话，之后，香菇在日本的栽培得到了快速发展，香菇的科学研究领域日本人也领先我们已经有100多年了，虽然产量我们在1989年后又超过了日本。现在香菇的英文Shiitake也就是源之日文，日文汉字写作椎茸。

这让人想起猕猴桃，这个原产中国原来被称为羊桃的物种，到了新西兰后得到了很好的发展，现在英文用新西兰当地的鸟名Kiwi来称呼猕猴桃Kiwi fruit，国人也有人按发音称呼其为奇异果，而英文系统中用Actinidia berry和Silvervine来称呼猕猴桃的也很普遍，相反，传统汉英字典中称呼猕猴桃为Yangtao（羊桃）的却往往被

认为不知所谓。

香菇和猕猴桃一起告诉我们，把东西做到极致才是最重要的，这个世界上很多东西都是英雄不问出处啊。

110. 木耳

木耳是木耳科木耳属中分布广泛、喜温的、生于朽木、子实体黑褐色的胶质食用菌，别名黑木耳、光木耳、云耳、川耳、木菌、树耳、黑菜等等。我国栽培食用木耳的历史悠久，《齐民要术》中记载了木耳的食用方法，唐朝《唐本草注》记载了木耳的栽培方法。木耳在世界上分布在温带和亚热带山地，我国木耳的产区以东北、华东、华中和西南为主，我国的木耳产量长期以来居世界首位。

品种类型

木耳的品种类型多种多样，市场上木耳主要有三类：普通木耳、毛木耳和皱木耳，普通木耳就是常说的黑木耳，个头中等，黑褐色，毛木耳个头大，红褐色，皱木耳个头小，皱褶多，光滑，黄褐色。我国根据木耳的理化性状和杂质等将木耳分为三级，民间还有将春、夏、秋采摘的木耳分为甲乙丙三级，大致质量从高到低。此外，各地的特产木耳也往往按产地命名，比如河北燕山一带木耳被称作燕耳、东北黑木耳等等。

农残风险

木耳在生产上主要虫害有甲虫、鳞翅目蛾类、蛞蝓等，还有大量的病菌和杂菌，生产上农药使用还是多的，但是长期的检测表明木耳的农残超标风险还是小的。

烹调食用

木耳营养丰富，尤其是蛋白质、粗纤维等，木耳富含的胶质被认为有润肺、清涤肠胃的功能，木耳还被认为有降低血液胆固醇、降解血液凝块、缓和冠状动脉粥状硬化的作用，因此长期以来深受我国消费者喜爱，被认为是中餐中的黑色瑰宝。凉拌、热炒和炖菜甚至是馅料等等，烹调方法多种多样，仅仅是凉拌木耳，我国最少有上百种配料和方法，木耳、淮山和西芹混炒，近年来十分流行。值得指出的是新鲜的木耳含有光敏性物质，容易引起光敏性皮炎，此外清洗木耳是用盐水充分浸泡是最好洗法，一些餐馆为了省事用化学品浸泡清洗值得注意。

慎　重

木耳是中国传统食品，中文说木耳就是长在木头上的耳朵。英文一般统称Agaric或者干脆称为Fungus，前者是富含胶质的意思，后者泛称真菌，因此现代英文中用Jelly fungus称呼木耳比较流行。前些年我国生产了木耳汁饮料，商品上翻译为Jew's ear juce，细考之下，觉得不妥。

传统的词典称木耳为Jew's ear ，就是犹太人的耳朵，《中国农业百科全书·蔬菜卷》（农业出版社，1990年）就是这个翻译法。有关Jew's ear的说法多多，特别是15世纪以来。根据《圣经》，犹大（Judas Iscariot）告密出卖了耶稣，耶稣被捕定罪后，犹大也在一颗老树上上吊死了，后从树上掉了下来。但是从这开始又有两个说法，一是犹大的尸体掉了下来，但是耳朵留在了树上；另一种说法是吊死犹大的这种老树上常常长有木耳，长出的木耳就被认为是犹大的幽灵。于是就用犹大的耳朵称呼木耳，再到后来干脆就用犹太人的耳朵代替。但是《圣经》只说犹大在树上上吊死了并掉了下来，找不到犹大变成木耳形状的幽灵之类的或者犹大的耳朵还留在树上的文献根据，反而是西方世界中在中世纪后的反犹太倾向使得称木耳为Jew's ear的原因令人感觉可能是贬义或者歧视性的，因此，二战后使用Jew's ear称木耳的说法已经越来越少了。

不管是木头上的，还是犹大的，还是犹大的幽灵，或者是犹太人的，都是耳朵，但是考究清楚称木耳为Jew's ear的原因，需要很深的语言功底和更加充足的文献资料。但是，我们在商品名的翻译上，应该慎重，尽量避免将木耳称呼为Jew's ear，省得引起宗教、种族和文化上的误解和冲突。

111. 百合

百合是百合科百合属中能形成鳞茎的栽培种群，多年生宿根性草本植物，别名百合蒜，古名番韭，英文称Lily。百合原产亚洲东部温带，宋代《尔雅翼》说："百合蒜，根小者如大蒜，大者如椀，数十片相累，状如白莲花，故名百合花，言百片合成也。"文中的椀，是木头碗，可见宋代时栽培的百合个头已经不小，现代的百合鳞茎，大者也不过拳头大小。我国的食用野生百合广泛分布在垂直海拔200~3200米之间二十多省，人工栽培生产，以湖南、江苏、江西、山东、宁夏和甘肃为主，其中甘肃高海拔地区的百合，尤为出名。

品种类型

百合属有一百来种，我国有四十多种，我国主要栽培的是龙牙百合、川百合和卷丹百合。龙牙百合又称百花百合，开白花，鳞茎个头中等，2~5厘米；川百合开黄花，鳞茎个头有大有小，大的（如兰州百合）10厘米以上，小的2~4厘米；卷丹百合开红花，鳞茎个头大较，大小4~8厘米。

农残风险

百合生产上主要病虫害有细菌性软腐病、绵腐病、疫病、病毒病和蚜虫和蛴螬等地下害虫，现代生产还是需要使用农药，但一般说来，百合的农残风险低。

烹调食用

我国传统中医认为百合有补中益气、养阴润肺、止咳平喘和养心安神的功效，百合干片还是知名的中药。百合可熬粥、煮糖水、炒食，如小米百合粥、冰糖清炖百合、百合冬瓜汤、西芹木耳炒百合、百合莲子红豆沙等等，值得指出的是百合莲子汤往往是婚宴上的饭后甜品，寄托百年好合之意。

好上加好

百合花是世界名花（虽然与蔬菜用百合不是同一种，但是蔬菜用百合也可开花）。北朝的梁宣帝曾有诗:“接叶有多种，开花无异色。含露或低垂，从风时偃抑。甘菊愧仙方，藂兰谢芳馥。”陆游也有诗：“芳兰移取遍中林，余地何妨种玉簪，更乞两丛香百合，老翁七十尚童心。”由于蔬菜百合的茎“数十片相累，状如白莲花，故名百合花，言百片合成也”，因此鳞茎也称呼为百合花。真是花是花，鳞茎也是花。

在我国，由于百合花的寓意是百年好合，因此百合花是婚礼上鲜花的不二选择，巧合的是，用鳞茎片做的百合糖水，也是婚宴上的必备甜品。真是花也好合，鳞茎也好合，好上加好啊。

112. 花椒

花椒是芸香科花椒属中以采收果实做调料的灌木或小乔木栽培种，多年生木本植物，别名大椒、川椒、蜀椒、秦椒和山椒等，英文称Chinese prickly ash。花椒原产我国，是我国尤其是西部地区重要的香料之一。

品种类型

传统上花椒分为川椒和秦椒，前者主要分布在四川，后者在陕西和甘肃一带。生物学上看我国的花椒有两个变种，油叶花椒和花叶花椒，前者分布在海拔2500米左右地区后者多在海拔3000米左右地区。

农残风险

花椒生产上主要病虫害有根腐病、锈病、膏药病、流胶病、天牛、蚧壳虫和螨类等，加上花椒通常又是蚜虫等害虫的越冬寄主，因此使用农药还是比较常见的，但是花椒产品的农残风险低。

烹调食用

花椒性温，味辛，有温中散寒，健胃除湿，止痛杀虫，解毒理气，止痒祛腥的功效。花椒的挥发性油主要是烯类物质构成独特的风味。用花椒调味菜肴，对于川、陕等地，就是菜肴的灵魂，甚至不放花椒的菜被四川人认为是“白”菜。花椒的品种、成熟度、油炸程度、与鱼肉荤菜或素菜的搭配，讲究都不同。值得指出的是，阴虚火旺者和孕妇慎吃。

风　骚

《诗经·国风·椒聊》云：“椒聊之实，蕃衍盈升。彼其之子，硕大无朋。椒聊且，远条且；椒聊之实，蕃衍盈匊。彼其之子，硕大且笃。椒聊且，远条且。”关于这首诗，历代争论有二,一是“子”是男是女，以闻一多等为代表的认为彼其之子是说高挑又丰满的姑娘，更多的人认为是高大伟岸的小伙，二是对“远条”的理解不同，有当枝条长又直解的，也有当香味传得远解的。我觉得有两个因素，倾向于是歌唱小伙子的，首先是诗中的且字，虽然做语气助词用，但是象形文字的记法与画男阳无异，其次是椒字，花椒在《诗经》后的《楚辞》中常常被用于描写专横狂妄、傲慢无礼和善于变化的男性，如“椒专妄以慢慆兮”，在这基础上远条理解为枝条长又直似乎更合逻辑。因此诗的大意是：“繁茂的花椒树啊，结满了累累果实，果实一升升，一捧捧，高大伟岸又朴实稳重的小伙啊，百里挑一的小伙啊，花椒啊花椒，长又直的枝条啊”。

国人将《国风》与《离骚》合称风骚，看来，花椒是非常风骚的。

此外，关于花椒还有两风骚的个词值得一提，一是椒房，源自汉代未央宫用花椒直接装饰到房子的墙壁上，首先为房间提供香味，其次是驱虫，重要的是由于花椒硕果累累有以求多子的好意头，因此以椒房供皇家当寝室，现代也有人称呼为新婚夫妇准备的新房为椒房，就是取后者之意；二是椒乳，此词被金庸在《天龙八部》用于描写女性的乳房后比较流行，其实在古诗词中也出现过，但以前一般说来不是指《诗经》讲的“硕大无朋”和“硕大且笃”，而是指有迷人香味的女性胸脯，花椒一样迷人的香味。

后记

本书完稿后，修改了两次，我请几个朋友读，反馈回来的信息，恭维的话是知识性、实用性和趣味性还行，读者也能得到较好的阅读乐趣，但是也提出了一些修改意见：

一是除了蔬菜科普和烹调外，占本书篇幅70%的杂谈内容确实是海阔天空些，涉及自然科学、文学、民俗、艺术和社会学等范畴，因此，我第三次改稿时尽量用大白话进行评述，但这样一来叙述的方式就显得有些不太一致了；

二是涉及广东潮汕地区的内容篇幅多了些，非潮汕人怕是不容易引起共鸣。关于此我辩解一句：蔬菜品种的丰富、生产和烹调水平之高，国内其他地区确实难出其右；

三是对农药残留风险的分析显得粗糙了些。确实这样，评估起来涉及蔬菜的栽培时间、地点以及生产措施，本应是个案的问题，做总体的分析，也就只能根据病虫害情况和多年的检测结果做粗略的判断；

四是极少部分内容涉及成人话题。第三次修改对相关内容也做了淡化处理。

“堇荼如饴”，大意是苦菜如饴糖般甘甜。写书和改稿确实是辛苦的，我希望读者可以得到饴糖般的阅读享受。

我特别向以下人群读者推荐本书：大学毕业者、成年有独立判断能力者、有睡前阅读习惯者、最少偶尔会买菜做饭者、喜欢美食尤其是潮州菜者、农业工作者和蔬菜行业从业者等。

黄绍宁

2016年秋